早稲田大学
全学基盤教育
シリーズ

WASEDA University

線形の世界

線形代数学への入り口

高木 悟 著
曽布川拓也

共立出版

はじめに

　本書は，早稲田大学グローバルエデュケーションセンター (GEC) 設置のフルオンデマンド講座「数学基礎プラス」シリーズのうち，『数学基礎プラス α (最適化編)』『数学基礎プラス β (最適化編)』の教科書として書かれたものである．これらの授業は 2 つの四半期科目として開講されているが，本書はそれを 1 つの大きな世界と捉えている．そのため，線形代数への入門，また線形計画法の初学者のための自習書としても利用できるようになっている．

　世の中が大きく動いている昨今，「理系」「文系」というような枠組みにかかわらず，「数学」の重要性が大きくクローズアップされている．本学でも「数学」は，「アカデミックライティング」「英語」「データ科学」「情報」(2022 年現在) とならんで最重要な分野として位置づけられており，「すべての学生に数学を」ということで，この講座には「1 万人の数学」というスローガンが掲げられている．

　一方で，多様な学生を歓迎する本学では，学生の高等学校段階までの数学の学習状況はまちまちである．そうした状況を踏まえ，身近な金利計算を題材に微積分学へと誘う「金利編」が 2008 年に，また連立 1 次方程式の理論と行列の基本から線形計画法へと誘う「最適化編」が翌 2009 年に，どちらもフルオンデマンド形式 (講義も試験もすべてインターネットによるオンデマンド形式) の授業としてスタートした．これらは単なるリメディアル教育ではなく，それぞれの科目のゴールが，高等学校段階はもとより，大学の数学科でもあまり扱われないような事柄に設定されており，とてもユニークなものである．

　そうした科目の教科書である本書は，姉妹書である高木悟・上江洲弘明『金利の計算〜解析学への入り口〜』(共立出版) と同様に，高等学校で学習する数学を前提としておらず，いままで数学を避けてきたような学生でも安心して取り組めるような内容になっている．もともと本学の非理工系の学生をターゲットにして書かれたものであるが，社会人や高校生であっても充分読み進められ

るものになっており，多くの人に手に取っていただきたい.

　2023 年度から早稲田大学では授業がそれまでの 90 分授業×年間 30 週から 100 分授業×年間 28 週という体制になり，この授業も内容を再検討することになった. そこでこれを機に，その立ち上げから現在まで本講義を担当してきた高木悟と，最適化編のビデオ講義および金利編・最適化編の完全英語版の授業を提供している曽布川拓也が，長い間の教育経験をもとに改めて作り上げたのが本書である.

　数学を学ぶ上で，自ら問題を解いてみることは大切な作業である. 本書にもたくさんの問題を挙げてあるが，紙幅の都合で十分な解説を与えるには至っていない. そこで別冊として

　　　『演習編 線形の世界 〜線形代数学への入り口〜』（共立出版）

を用意した. この中で本書のすべての問題が解説してある. オンライン版のみの提供であることから，手に取りやすいのではないだろうか. 本書の中で「演習書」とあるのはこの別冊，演習編の中で「本編」とあるのは本書のことである. 読者の皆さんの学習の助けになれば幸いである.

　作成にあたって共立出版の山内千尋氏 (「数学基礎プラス」シリーズスタート時の TA です！) に大変お世話になったことに感謝の意を表する. また，これまで本学で「数学基礎プラス」シリーズを担当された先生方や支えてくださった職員各位，TA/LA 諸君の多大な貢献により，現在も安定して「数学基礎プラス」シリーズが成り立っていることを申し添え，巻頭言としたい.

2022 年秋　著者一同

記号表・ギリシア文字

ここでは，本書で使用する数学記号とギリシア文字を掲載する．

数学記号

P ⇒ Q	P ならば Q，つまり，P のことから Q のことがいえる．
P ⇔ Q	P と Q は 同値， つまり，P ⇒ Q と Q ⇒ P が同時に成り立つ．
P and Q	P かつ Q，つまり，P と Q が同時に成り立つ．
P or Q	P または Q， つまり，P と Q の少なくともどちらか一方が成り立つ．
$a \leq b$	a は b 以下である（$a \leqq b$ と同じ）．
$a \geq b$	a は b 以上である（$a \geqq b$ と同じ）．
$a \neq b$	a と b は等しくない．
$\lvert a \rvert$	a の 絶対値， つまり，数直線における 0 から a までの距離のことで， $a \geq 0$ のときは a，$a < 0$ のときは $-a$ である．
$\mathbb{N}$	自然数の集合
$\mathbb{R}$	実数の集合
:=	数式の定義．左辺を右辺で定義する

ギリシア文字

大文字	小文字	英表記	読み・カナ表記
A	α	alpha	アルファ
B	β	beta	ベータ
Γ	γ	gamma	ガンマ
Δ	δ	delta	デルタ
E	ϵ, ε	epsilon	イプシロン (エプシロン)
Z	ζ	zeta	ゼータ
H	η	eta	イータ (エータ)
Θ	θ	theta	シータ (テータ)
I	ι	iota	イオタ
K	κ	kappa	カッパ
Λ	λ	lambda	ラムダ
M	μ	mu	ミュー
N	ν	nu	ニュー
Ξ	ξ	xi	クシー (グザイ)
O	o	omicron	オミクロン
Π	π	pi	パイ
P	ρ	rho	ロー
Σ	σ	sigma	シグマ
T	τ	tau	タウ
Υ	υ	upsilon	ウプシロン (ユプシロン)
Φ	ϕ, φ	phi	ファイ (フィー)
X	χ	chi	カイ
Ψ	ψ	psi	プサイ (プシー)
Ω	ω	omega	オメガ

目　次

第 11 章　補遺 192

関連図書 197
索　引 198

第0章　線形計画問題とは

　限られた資源の中でいかに最大の利益を得るか, あるいは製品を作るたびに排出される公害をいかに最小にするか, といった問題は **最適化問題** あるいは **数理計画問題**, オペレーションズ・リサーチ (**OR**) などと呼ばれている. その中でも特に, 1 次不等式や 1 次方程式で与えられた制約条件のもとで, 1 次式の目的関数の値を最大または最小にする問題を **線形計画問題** という[1]. この種の問題は, 第 2 次世界大戦中の有効な作戦計画 (爆撃機に搭載する燃料と爆弾をどのくらいにすれば一番戦果が得られるか, など) の研究が起源とされているが, 会社経営などの実社会でもよく現れる問題である. 線形計画問題には最大問題と最小問題があるが, ここでは比較的考察しやすい最大問題を紹介し, その解法について探る.

0–1　線形計画問題の最大問題

　次のような問題を考えよう.

例題 0.1　2 種類の粉末 A, B を混ぜて加工すると, 薬 X, Y が作れる. X を 1 リットル作るには, A を 3 kg, B を 1 kg 必要とし, Y を 1 リットル作るには, A を 1 kg, B を 2 kg 必要とするが, A, B はそれぞれ 9 kg, 8 kg しか在庫がない. また, X, Y を 1 リットル 販売したときの利益は それぞれ 3 万円, 2 万円 である. このとき, 利益を最大にするには, X と Y をどれだけ作ればよいか?

このように, 限られたもののなかで ある量を最大にするような配分を求める

---

[1] 比例関係が成り立つときを **線形** というが, 比例関係を数式で表すと 1 次式 (1 次関数) となることから, 1 次式だけからなる最適化問題を **線形 計画問題** という.

1

問題を 最大問題 という.

　最大問題を数学的に考察するため, この状況を数式で表してみよう. 問題文に

「X と Y をどれだけ作ればよいか」

とあるので, X を x リットル, Y を y リットル作るとしてみよう. ここで, $x \geq 0,\ y \geq 0$ であることに注意する.

　次に, 書かれていることを, 表を用いて整理してみよう.

Step 1

　X を 1 リットル作るには, A が 3 kg, B が 1 kg 必要である.

	X	Y	在庫
利益 (万円)			
A (kg)	3		
B (kg)	1		

Step 2

　Y を 1 リットル作るには, A が 1 kg, B が 2 kg 必要である.

	X	Y	在庫
利益 (万円)			
A (kg)	3	1	
B (kg)	1	2	

Step 3

　A, B はそれぞれ 9 kg, 8 kg しか在庫がない.

	X	Y	在庫
利益 (万円)			
A (kg)	3	1	9
B (kg)	1	2	8

Step 4

　利益は それぞれ 3 万円, 2 万円である.

	X	Y	在庫
利益 (万円)	3	2	
A (kg)	3	1	9
B (kg)	1	2	8

　この表をもとに式を作ろう. いま, X を x リットル, Y を y リットル作るとしているので, 利益を z 万円 とすると 利益の行から, 1 つの等式

$$z = 3x + 2y$$

が得られる.

また，A と B の行から，2 つの不等式

$$3x + y \leq 9$$
$$x + 2y \leq 8$$

が得られる.

　線形計画問題では，ここでの z のように 最大 あるいは 最小 にしたい量のことを 目的関数 といい，未知数が満たすべき条件を 制約条件 という．制約条件のうち，特に 未知数が負の値をとらないとする条件を 非負条件 という．また，すべての制約条件を満たす未知数の組を 実現可能解 という．これらの用語を用いて，この問題を次のように「数学的な」問題としてまとめてみよう.

制約条件　　$3x + y \leq 9$

$x + 2y \leq 8$

$x \geq 0, \quad y \geq 0$　　（非負条件)

を満たしながら，

目的関数　　$z = 3x + 2y$

を最大にする実現可能解 (x, y) と，そのときの最大値 $z_{\max}$ を求めなさい.

ここに，$z_{\max}$ は z の最大値 (maximum) を表す記号である.

　毎回このように書くのは大変であるから，次のように省略して書く.

---

maximize :　　$z = 3x + 2y$

subject to :　　$3x + y \leq 9$

$x + 2y \leq 8$

$x \geq 0, \quad y \geq 0$

---

maximize は「最大にしなさい」, subject to は「〜を条件として」という意味である [2]. 例題 0.1 は第 8 章で解く（例題 8.1）.

問題 0.1　次の最大問題を, maximize, subject to を用いて数式のみで表しなさい.

(1)　ある製造会社が材料 A, B, C をそれぞれ 15, 10, 20 所有している. 製品 X を 1 個作るのに, A を 3, B を 1, C を 2 必要とし, Y を 1 個作るのに A を 1, B を 2, C を 2 必要とする. これらを販売すると, X は 1 個あたり 3 万円, Y は 1 個あたり 2 万円の利益が得られるという. このとき, 利益を最大にするには, X と Y をそれぞれどのくらい製造すればよいか?

(2)　ある製鉄会社では, 2 種類の鉄製品 A, B を作っている. A を 1 個作るには, 溶解に 2 時間, 圧延に 4 時間, 切断に 10 時間を要し, B を 1 個作るには, 溶解に 5 時間, 圧延に 1 時間, 切断に 5 時間を要する. この会社では, 1 週間あたり, 溶解には 40 時間, 圧延には 20 時間, 切断には 60 時間しかかけることができない. A の利益が 24 万円, B の利益が 8 万円とするとき, 利益を最大にする生産量の組み合わせと, そのときの最大利益を求めなさい.

[解答]　詳しい解説は演習書 p.2〜3 を参照のこと.

(1)　maximize：　$z = 3x + 2y$

subject to：　$3x + y \leq 15$

$x + 2y \leq 10$

$2x + 2y \leq 20$

$x \geq 0, \quad y \geq 0$

(2)　maximize：　$z = 24x + 8y$

subject to：　$2x + 5y \leq 40$

$4x + y \leq 20$

$10x + 5y \leq 60$

$x \geq 0, \quad y \geq 0$

---

[2] 最小問題のときは maximize の代わりに,「最小にしなさい」という意味の minimize を用いる.

0-2 グラフによる解法

　では，最大問題を解いてみよう．ここでは感覚的にもわかりやすい，「グラフを用いた方法」を用いることにする[3]．

$$\text{maximize}: \quad z = 3x + 2y$$

$$\text{subject to}: \quad 3x + y \le 9$$

$$x + 2y \le 8$$

$$x \ge 0, \quad y \ge 0$$

制約条件が示す領域を xy 平面に図示し，そこに目的関数のグラフを描く．

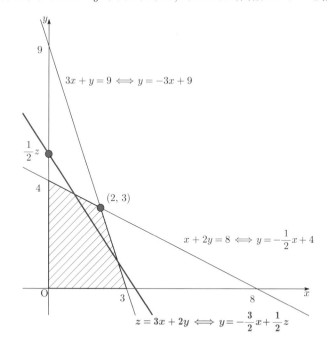

　制約条件が示す領域 (図の斜線部) が **実現可能解** の取りうる範囲である．つまり，この領域内と境界線上しか (x, y) は動くことができない．このような

---

[3] 1 次関数および 1 次不等式の表す領域については，p.192〜196 にまとめておいた．

(x, y) に対して, 目的関数 $z = 3x + 2y$ の z の値が一番大きくなるのはどのような場合だろうか?

目的関数が表す直線は $y = -\dfrac{3}{2}x + \dfrac{1}{2}z$ と変形されるので, 傾きが $-\dfrac{3}{2}$, y 切片が $\dfrac{1}{2}z$ である. 傾きを $-\dfrac{3}{2}$ に固定した状態で直線を上下に動かす (それにつれて y 切片も動く) イメージをもてば, y 切片の $\dfrac{1}{2}z$ が最大となる点で z も最大となることがわかる.

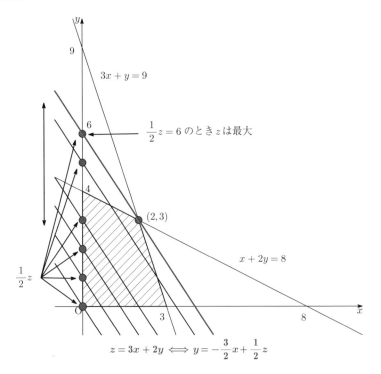

グラフより, 2 つの直線 $3x + y = 9$ と $x + 2y = 8$ の交点 $(2, 3)$ を通るときに, y 切片の $\dfrac{1}{2}z$ は最大となる. そのときの z の値は, $z = 3x + 2y$ に $(x, y) = (2, 3)$ を代入して

$$z = 3 \times 2 + 2 \times 3 = 12$$

である. よって, $(x, y) = (2, 3)$ のとき $z_{\max} = 12$ が得られる.

　グラフによる解法は目的関数の未知数が 2 つのときによく用いられる．目で見て感覚的にも捉えやすいことから，これは優れた方法である．しかし未知数が 3 つとなるとグラフを描くことが難しくなる．コンピュータの上では不可能ではないだろうが，2 つの場合のようには行かないだろうし，4 つ以上になったらもうお手上げである．そうなった場合にも通用する方法として知られているものの 1 つが，第 8 章以降で述べる「シンプレックス法」である．

　本書はこのシンプレックス法の概念と計算を理解することを 1 つの目標とする．その準備として，関連する数学

- 連立 1 次方程式 (連立線形方程式) の理論
- 行列の定義と計算

について学び，読者諸兄姉を

線形数学・線形代数

の世界へと誘う．

問題 0.2 次の最大問題を数式で表し, グラフ で解きなさい.

2 種類の粉末 A, B を混ぜて加工すると, 薬 X, Y が作れる. X を 1 リットル作るには, A を 3 kg, B を 1 kg 必要とし, Y を 1 リットル作るには, A を 1 kg, B を 2 kg 必要とするが, A, B はそれぞれ 9 kg, 8 kg しか在庫がない. また, X, Y を 1 リットル 販売したときの利益は それぞれ 3 万円, 2 万円 である. このとき, 利益を最大にするには, X と Y をどれだけ作ればよいか?

[解答] 第 8 章 (p.127) を見てみよう.

問題 0.3 次の最大問題を数式で表し, グラフ で解きなさい.

2 種類の粉末 A, B を混ぜて加工すると, 薬 X, Y が作れる. X を 1 リットル作るには, A を 4 kg, B を 1 kg 必要とし, Y を 1 リットル作るには, A を 3 kg, B を 2 kg 必要とするが, A, B はそれぞれ 60 kg, 30 kg しか在庫がない. また, X, Y を 1 リットル 販売したときの利益は それぞれ 3 万円, 4 万円 である. このとき, 利益を最大にするには, X と Y をどれだけ作ればよいか?

[解答] X を 6 リットル, Y を 12 リットル作ったときに最大の利益 66 万円を得る. 詳しい解説は演習書 p.4〜6 を参照のこと.

第1部 行列の演算

第1章　行列の定義

1-1　行列の定義

複数のデータ (数) を扱うとき, 表にまとめると便利である. これをより一般的に扱うことを考える. 例えば次のような状況をみてみよう.

> ある日, 大学の近くの食堂 S では, ラーメン 70 食, カレー 60 食, カツ丼 35 食 が提供され, 食堂 T では, ラーメン 80 食, カレー 55 食, カツ丼 45 食 が提供された.

これを表にすると, 次のようにまとめることができる.

	ラーメン	カレー	カツ丼
食堂 S	70	60	35
食堂 T	80	55	45

この表から配列を変えずに数だけを取り出すと

$$\begin{bmatrix} 70 & 60 & 35 \\ 80 & 55 & 45 \end{bmatrix}$$

となる. このように数を長方形型に並べたものを, 行列 という. 行列の横の並びを 行 といい, 上から第 1 行, 第 2 行, ... という. また, 縦の並びを 列 といい, 左から第 1 列, 第 2 列, ... という [1].

この行列は, 行の数が 2, 列の数が 3 であることから 2 行 3 列の行列, もしくは 2×3 型の行列であるという. 行列の中に並んでいる数を 成分 といい, 例え

---

[1] 日常使う言葉では, 一列に並んだものを「行列」と呼ぶが, 数学では行と列を別の概念と捉え, それらを組み合わせたものを「行列」と呼ぶ.

11

ば 第 1 行 第 1 列 の成分のことを $(1,1)$ 成分, 第 2 行 第 3 列 の成分のことを $(2,3)$ 成分などという. 上で与えた行列では

$$(1,1) \text{ 成分 は } 70, (1,2) \text{ 成分 は } 60, (1,3) \text{ 成分 は } 35$$
$$(2,1) \text{ 成分 は } 80, (2,2) \text{ 成分 は } 55, (2,3) \text{ 成分 は } 45$$

である.

行が 1 つだけである行列を 行ベクトル, 列が 1 つだけである行列を 列ベクトル という. 例えば, ある映画の入場料が 大人 1800 円, 学生 1500 円, シニア 1000 円, 子ども無料 (0 円) であるとき, この数を横に並べた

$$\begin{bmatrix} 1800 & 1500 & 1000 & 0 \end{bmatrix}$$

は 行ベクトル である. これは成分が 4 つであることから特に「4 次元行ベクトル」ともいう. また, ある映画館の ある 1 日の来場者数が 大人 200 人, シニア 300 人, 子ども 40 人 であったとき, この数を縦に並べた

$$\begin{bmatrix} 200 \\ 300 \\ 40 \end{bmatrix}$$

は 列ベクトル である [2]. これは成分が 3 つであることから特に「3 次元列ベクトル」ともいう. 行ベクトルと列ベクトルを合わせて ベクトル という [3].

行列についてより一般的な形で表してみよう. 以下, $m, n \in \mathbb{N}$ とする. 一般に, $m \times n$ 個の実数 $a_{11}, a_{12}, \cdots, a_{mn}$ を, m 個の行 と n 個の列 に

---

[2] 何を行として, また何を列で表すかについて特に決まりはない. しかしこれから学んでいく行列の演算について知ると, その決め方は扱う問題ごとに必然的に定まっていくことがわかる.

[3] 高等学校で学習した ベクトル は, 「長さ」と「向き」をもつものとして定義されたが, それは 行ベクトルや列ベクトルと区別して 幾何ベクトル という. それに対してここで扱うベクトルを 数ベクトル と呼ぶ. 幾何ベクトルと数ベクトルは同じものを異なる 2 つの見方で捉えたものといえるが, 本書では主に数ベクトルの側を扱う.

$$
\begin{bmatrix}
a_{11} & a_{12} & \cdots & a_{1n} \\
a_{21} & a_{22} & \cdots & a_{2n} \\
& & \cdots & \\
a_{m1} & a_{m2} & \cdots & a_{mn}
\end{bmatrix}
$$

のように長方形に並べて括弧でくくったものを **行列** という.[4)] 特に, 行の数が m で, 列の数が n であるような行列を $m \times n$ **行列** といい, この $m \times n$ を行列の **型** という. また, 行列に並ぶ各数 $a_{11}, a_{12}, \cdots, a_{mn}$ を **成分** といい, 特に 第 i 行 第 j 列の成分 a_{ij} を (i, j) **成分** という. 行列を表すときはアルファベットの大文字を, 成分を表すときは小文字を使うことが多い.

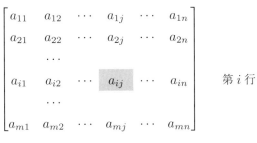

$$
\begin{bmatrix}
a_{11} & a_{12} & \cdots & a_{1j} & \cdots & a_{1n} \\
a_{21} & a_{22} & \cdots & a_{2j} & \cdots & a_{2n} \\
& & \cdots & & & \\
a_{i1} & a_{i2} & \cdots & a_{ij} & \cdots & a_{in} \\
& & \cdots & & & \\
a_{m1} & a_{m2} & \cdots & a_{mj} & \cdots & a_{mn}
\end{bmatrix} \quad 第 i 行
$$

第 j 列

問題 1.1　次の各問に答えなさい.

(1) 回転寿司店 P では 今日だけで 赤身 26 皿, 中トロ 16 皿, サーモン 15 皿, イカ 17 皿 が売れ, 回転寿司店 Q では 赤身 35 皿, 中トロ 28 皿, サーモン 23 皿, イカ 20 皿 が売れた. 回転寿司店 R では 赤身 41 皿, 中トロ 30 皿, サーモン 11 皿, イカ 22 皿 が売れた. この状況を示す表を作り, さらに数だけを取り出した行列 A を求めなさい.

(2) 学生街のあるラーメン屋では, 醬油ラーメン を 350 円, 塩ラーメン を 400 円, 味噌ラーメン を 500 円 で提供している. この価格を 行ベクトル で表しなさい. また, そのラーメン屋の ある 1 日の注文数は,

---

4) 行列を表すのに ( ) を用いる流儀も広く普及しているが, 本書では [ ] を用いる.

醤油ラーメン 57 杯, 塩ラーメン 40 杯, 味噌ラーメン 36 杯 であった.
この提供数を 列ベクトル で表しなさい.

[**解答**]   詳しい解説は演習書 p.8 を参照のこと.

(1) $A = \begin{bmatrix} 26 & 16 & 15 & 17 \\ 35 & 28 & 23 & 20 \\ 41 & 30 & 11 & 22 \end{bmatrix}$ (2) $\begin{bmatrix} 350 & 400 & 500 \end{bmatrix}$, $\begin{bmatrix} 57 \\ 40 \\ 36 \end{bmatrix}$

1–2   いろいろな行列

次に, いくつかの用語や特別な行列を紹介しよう. 以下, $n \in \mathbb{N}$ とする.

(1) 成分がすべて 0 の行列を **零行列** といい, O と表す. 例えば,

$$2 \times 2 \text{ 型と } 3 \times 4 \text{ 型の零行列は } \begin{bmatrix} 0 & 0 \\ 0 & 0 \end{bmatrix}, \quad \begin{bmatrix} 0 & 0 & 0 & 0 \\ 0 & 0 & 0 & 0 \\ 0 & 0 & 0 & 0 \end{bmatrix}$$

である.

(2) 行と列の数が等しい行列を **正方行列** という. 特に, $n \times n$ 行列のことを **n 次正方行列** という. 例えば,

$$\begin{bmatrix} 1 & 2 \\ 3 & 4 \end{bmatrix} \text{ は 2 次正方行列, } \quad \begin{bmatrix} 1 & 1 & 3 \\ -2 & 1 & 0 \\ 2 & 4 & -2 \end{bmatrix} \text{ は 3 次正方行列}$$

である.

(3) 正方行列において, 左上から右下への対角線を **主対角線** と呼び[5], そこに現れる成分のことを **対角成分** という. また, 対角成分 以外 の成分がすべて 0 の行列を **対角行列** という.

[5) 対角線はもう 1 本あるが, それが重要な役割を務めることは少ない.

例えば, 3 次正方行列 $\begin{bmatrix} 3 & 5 & -1 \\ 2 & 1 & 0 \\ 2 & 4 & -2 \end{bmatrix}$ の対角成分は 3, 1, -2 である.

また $\begin{bmatrix} 2 & 0 \\ 0 & -1 \end{bmatrix}$ は 2 次対角行列, $\begin{bmatrix} 1 & 0 & 0 \\ 0 & -1 & 0 \\ 0 & 0 & 0 \end{bmatrix}$ は 3 次対角行列

である.

(4)　対角行列で 対角成分がすべて 1 の行列を 単位行列 といい, E と表す.

例えば, 2 次と 3 次の単位行列は $\begin{bmatrix} 1 & 0 \\ 0 & 1 \end{bmatrix}$, $\begin{bmatrix} 1 & 0 & 0 \\ 0 & 1 & 0 \\ 0 & 0 & 1 \end{bmatrix}$ である.

(5)　成分がすべて 0 の ベクトル を 零ベクトル という. 零ベクトルは零行列の一種であるから, O あるいは o と表すこともある. 例えば,

$$\begin{bmatrix} 0 & 0 & 0 \end{bmatrix}, \quad \begin{bmatrix} 0 \\ 0 \end{bmatrix} \text{ は 零ベクトル}$$

である. 特に, 前者は 3 次元 行ベクトルであるから 3 次元 零行ベクトル, 後者は 2 次元 列ベクトルであるから 2 次元 零列ベクトルともいう.

例題 1.1

行列 $\begin{bmatrix} -1 & 1-\sqrt{2} & 12 \\ \sqrt{5} & 0 & \dfrac{3}{7} \\ 1.6 & 2 & 5 \\ \pi & 6 & 2 \end{bmatrix}$ に対して, 次のものを求めなさい.

(1)　型　　(2)　(2,1) 成分　　(3)　第 3 行　　(4)　第 1 列

[解答]　(1)　行数が 4, 列数が 3 の行列であるから　**4 × 3 型**

(2)　第 2 行 第 1 列 の成分は, 上から 2 つ目, 左から 1 つ目の成分なので　$\boldsymbol{\sqrt{5}}$

(3)　第 2 行 は, 上から 2 つ目の行であるから　$\begin{bmatrix} \mathbf{1.6} & \mathbf{2} & \mathbf{5} \end{bmatrix}$

(4)　第 1 列 は, 左から 1 つ目の列であるから $\begin{bmatrix} 1 \\ \sqrt{5} \\ 1.6 \\ \pi \end{bmatrix}$

問題 1.2　3 つの行列 $A,\ B,\ C$ を

$$A = \begin{bmatrix} 6 & -4 & 5 \\ 12 & 0 & 4 \end{bmatrix}, \quad B = \begin{bmatrix} 2 & 4 & 1 & -2 \\ 3 & -1 & -3 & -4 \\ 5 & 0 & 6 & -5 \end{bmatrix}, \quad C = \begin{bmatrix} 4 & -2 \\ -1 & -3 \\ 6 & -5 \end{bmatrix}$$

とする. このとき, 各行列について次のものを求めなさい.

(1)　型　　(2)　$(2,1)$ 成分　　(3)　第 2 行　　(4)　第 1 列

[解答]　詳しい解説は演習書 p.9 を参照のこと.

A：(1) 2×3 型　(2) 12　(3) $\begin{bmatrix} 12 & 0 & 4 \end{bmatrix}$　(4) $\begin{bmatrix} 6 \\ 12 \end{bmatrix}$

B：(1) 3×4 型　(2) 3　(3) $\begin{bmatrix} 3 & -1 & -3 & -4 \end{bmatrix}$　(4) $\begin{bmatrix} 2 \\ 3 \\ 5 \end{bmatrix}$

C：(1) 3×2 型　(2) -1　(3) $\begin{bmatrix} -1 & -3 \end{bmatrix}$　(4) $\begin{bmatrix} 4 \\ -1 \\ 6 \end{bmatrix}$

　少し高度な応用問題にも挑戦してみよう.

問題 1.3　次の各問に答えなさい.

(1) 成分が 0 または 1 だけからなる 2 次正方行列で, 対角行列ではない
例を <u>2 つ</u> 挙げなさい.

(2) 成分が 0 または 1 だけからなる 3 次の対角行列で, 単位行列ではな
い例を <u>2 つ</u> 挙げなさい.

(3) $a, b \in \mathbb{R}$, $A = \begin{bmatrix} a-b & a+1 \\ a+b & b-2 \end{bmatrix}$ とする.

このとき, A が対角行列となるような a, b の組 (a, b) と, そのときの
行列 A を求めなさい.

(4) 4 次の正方行列で, (i, j) 成分が常に $3i - 2j$ となるようなものを求め
なさい.

≡**ヒント**≡　(1)　2 次正方行列と対角行列の定義をもとに考える.

(2)　3 次の対角行列と単位行列の定義をもとに考える.

(3)　対角行列の定義に従って方程式を作り, それを解く.

[**解答**]　詳しい解説は演習書 p.10～11 を参照のこと.

(1) 演習書 p.10 参照　　　(2) 演習書 p.10 参照

(3) $(a, b) = (-1, 1)$, $A = \begin{bmatrix} -2 & 0 \\ 0 & -1 \end{bmatrix}$　　(4) $\begin{bmatrix} 1 & -1 & -3 & -5 \\ 4 & 2 & 0 & -2 \\ 7 & 5 & 3 & 1 \\ 10 & 8 & 6 & 4 \end{bmatrix}$

1–3　行列の和

　行列を使っていろいろな問題を考える上で, 2 つの行列を「加える」という操
作を考えると役に立つことがある. そもそも行列は数が並んだ「表」であるわ
けで, それらの「足し算」と言われても困るのだが, それをどのように定めれば

役に立つか検討してみよう.

昨日 食堂 S ではラーメン 70 食, カレー 60 食, カツ丼 35 食が, 食堂 T
では ラーメン 80 食, カレー 55 食, カツ丼 45 食が売れ, 今日は食堂 S で
は ラーメン 85 食, カレー 75 食, カツ丼 50 食が, 食堂 T では ラーメン
90 食, カレー 75 食, カツ丼 55 食が売れたという. この 2 日間の 各食堂
ごと, メニューごとの販売数の合計はどうなるだろうか?

まず, 日ごとに表にまとめると

昨日	ラーメン	カレー	カツ丼
食堂 S	70	60	35
食堂 T	80	55	45

今日	ラーメン	カレー	カツ丼
食堂 S	85	75	50
食堂 T	90	75	55

であるから, この 2 日間における 販売数の表を完成させるには, 対応するメ
ニューごとに加えればよく,

2日間合計	ラーメン	カレー	カツ丼
食堂 S	70 + 85	60 + 75	35 + 50
食堂 T	80 + 90	55 + 75	45 + 55

=

2日間合計	ラーメン	カレー	カツ丼
食堂 S	155	135	85
食堂 T	170	130	100

が得られる. これらの表から配列を変えずに 数だけを取り出した 行列で書き
直してみると

$$\begin{bmatrix} 70 & 60 & 35 \\ 80 & 55 & 45 \end{bmatrix} + \begin{bmatrix} 85 & 75 & 50 \\ 90 & 75 & 55 \end{bmatrix} = \begin{bmatrix} 70+85 & 60+75 & 35+50 \\ 80+90 & 55+75 & 45+55 \end{bmatrix}$$

$$= \begin{bmatrix} 155 & 135 & 85 \\ 170 & 130 & 100 \end{bmatrix}$$

という計算をしていたことになる. この例から考えて, 行列どうしの足し算は,
「同じ場所 (同じ行で同じ列) にある成分どうしを加えるもの」と定めるのが自
然である.

⚡**注意**　この例では,

$$(昨日\ の販売数) + (今日\ の販売数)$$

として合計販売数を求めたが,

$$(今日\ の販売数) + (昨日\ の販売数)$$

と 加える順序を変更しても 結果は一切変わらない. このことからもわかるように, 行列の和を考える際は, 実数の和と同様に 足し算する順序を考慮する必要はない[6].

一方, 以下の 2 つの表から販売数を計算することを考えよう.

昨日	ラーメン	カレー	カツ丼	牛丼
食堂 S	70	60	35	55
食堂 T	80	55	45	70

今日	ラーメン	カレー	カツ丼
食堂 S	85	75	50
食堂 T	90	75	55

「今日」の表には「牛丼」の列がないため, 牛丼の販売数は不明である. そのため「昨日」の「牛丼」に対応させる相手がなく, その和を考えることができない[7]. 行列の場合も同じで, 行列の型が異なる場合は,

$$\begin{bmatrix} 70 & 60 & 35 & 55 \\ 80 & 55 & 45 & 70 \end{bmatrix} + \begin{bmatrix} 85 & 75 & 50 \\ 90 & 75 & 55 \end{bmatrix} = \begin{bmatrix} 155 & 135 & 85 & 55+\boxed{?} \\ 170 & 130 & 100 & 70+\boxed{?} \end{bmatrix}$$

相手がいない!!

となり, 行列どうしの和を考えることができない[8].

一般的に同じ型の 2 つの行列 A, B に対して, 「 A と B の各成分どうしの和 」を成分とする行列を A と B の和と定義し, それを $A+B$ と表す. A と B の型が異なるときは定義をせず, 計算不能 とする.

---

[6] このような性質については, 1–5 節でまとめる.

[7] 本日の牛丼の販売数が 0 であるかも不明である.

[8] 行列の計算の場合, 自分で勝手に 0 などを付け加えて, 計算を実行してはいけない.

定義 1.1 (行列の和)

$m, n \in \mathbb{N}, \ a_{11}, a_{12}, \ldots, a_{mn}, b_{11}, b_{12}, \ldots, b_{mn} \in \mathbb{R}$ とする.

$$A = \begin{bmatrix} a_{11} & a_{12} & \cdots & a_{1n} \\ a_{21} & a_{22} & \cdots & a_{2n} \\ & \cdots & & \\ a_{m1} & a_{m2} & \cdots & a_{mn} \end{bmatrix}, \quad B = \begin{bmatrix} b_{11} & b_{12} & \cdots & b_{1n} \\ b_{21} & b_{22} & \cdots & b_{2n} \\ & \cdots & & \\ b_{m1} & b_{m2} & \cdots & b_{mn} \end{bmatrix}$$

がともに $m \times n$ 行列であるとき,

$$A + B := \begin{bmatrix} a_{11} + b_{11} & a_{12} + b_{12} & \cdots & a_{1n} + b_{1n} \\ a_{21} + b_{21} & a_{22} + b_{22} & \cdots & a_{2n} + b_{2n} \\ & \cdots & & \\ a_{m1} + b_{m1} & a_{m2} + b_{m2} & \cdots & a_{mn} + b_{mn} \end{bmatrix}$$

と定める[9].

例 1.1

$A = \begin{bmatrix} 1 & 2 \\ 3 & 4 \end{bmatrix}, B = \begin{bmatrix} 5 & -1 \\ 1 & 6 \end{bmatrix}$ とすると, A, B ともに 2×2 行列で型が同じ

であるから, 和 $A + B$ は計算可能で, その結果は次式のとおり.

$$A + B = \begin{bmatrix} 1 & 2 \\ 3 & 4 \end{bmatrix} + \begin{bmatrix} 5 & -1 \\ 1 & 6 \end{bmatrix} = \begin{bmatrix} 1+5 & 2+(-1) \\ 3+1 & 4+6 \end{bmatrix} = \begin{bmatrix} 6 & 1 \\ 4 & 10 \end{bmatrix}$$

問題 1.4

$$A = \begin{bmatrix} -1 & 2 \\ 3 & -4 \end{bmatrix}, B = \begin{bmatrix} 2 & 1 \\ -1 & -2 \end{bmatrix}, C = \begin{bmatrix} 1 & -1 & 0 \\ -1 & 2 & 0 \end{bmatrix},$$

---

[9] := は, 左辺を右辺の数式で定義するときに用いる.

$$D = \begin{bmatrix} 0 & 3 & 1 \\ 2 & 1 & -1 \end{bmatrix}$$ とする. このとき, $A+B$, $B+C$, $C+D$, $B+A$, $C+B$, $D+C$ を求めなさい. 計算不能な場合は「計算不能」と答えること.

[解答]　詳しい解説は演習書 p.11〜12 を参照のこと.

$$A+B = \begin{bmatrix} 1 & 3 \\ 2 & -6 \end{bmatrix}, \quad C+D = \begin{bmatrix} 1 & 2 & 1 \\ 1 & 3 & -1 \end{bmatrix}, \quad B+A = \begin{bmatrix} 1 & 3 \\ 2 & -6 \end{bmatrix},$$

$$D+C = \begin{bmatrix} 1 & 2 & 1 \\ 1 & 3 & -1 \end{bmatrix}.$$ $B+C$ と $C+B$ は計算不能.

1-4　行列の実数倍と差

続いて, 行列の実数倍について, 次の問題を例に考えよう.

昨日 食堂 S ではラーメン 70 食, カレー 60 食, カツ丼 35 食が, 食堂 T では ラーメン 80 食, カレー 55 食, カツ丼 45 食が売れた. 明日から販売強化週間ということで, 各店, 各メニューについて 昨日の 2 割増し という販売目標を立てた. 各店ごと, 商品ごとの販売目標は それぞれどうなるか?

まず, 昨日の販売実績は

昨日	ラーメン	カレー	カツ丼
食堂 S	70	60	35
食堂 T	80	55	45

であるから, 今月の販売目標は 対応する各成分ごとに 1.2 を掛ければよく [10],

---

[10] 2 割 (= 20% = 0.2) 増しなので $1 + 0.2 = 1.2$ を掛ければよい.

販売目標	ラーメン	カレー	カツ丼
食堂 S	70×1.2	60×1.2	35×1.2
食堂 T	80×1.2	55×1.2	45×1.2

=

販売目標	ラーメン	カレー	カツ丼
食堂 S	84	72	42
食堂 T	96	66	54

が得られる. ここで, これらの表から配列を変えずに 数だけを取り出した 行列
で考えると

$$1.2 \begin{bmatrix} 70 & 60 & 35 \\ 80 & 55 & 45 \end{bmatrix} = \begin{bmatrix} 1.2 \times 70 & 1.2 \times 60 & 1.2 \times 35 \\ 1.2 \times 80 & 1.2 \times 55 & 1.2 \times 45 \end{bmatrix}$$

$$= \begin{bmatrix} 84 & 72 & 42 \\ 96 & 66 & 54 \end{bmatrix}$$

という計算をしていたことになる. この例から考えて 行列の実数倍は「各成分
にその実数を掛ける」と定めるのが自然である.

　行列 A と $c \in \mathbb{R}$ に対して, 「 行列 A の各成分に c を掛けたもの 」 を成
分とする行列を A の c 倍 (実数倍) と定義し, それを cA と表す. 特に,
$c = -1$ のときは $-A$ と表す.

　つまり,

$$-A = (-1) A$$

である.

　同じ型 の2つの行列 A, B に対して, 和 と 実数倍 を用いて $A + (-B)$ を
A と B の 差 と定義し, それを $A - B$ で表す. 行列の差も, 行列の和を用い
て定義しているため, A と B の型が異なるときは 計算不能とする.

定義 1.2 （行列の実数倍と差）

$m,\ n \in \mathbb{N},\ \ a_{11},\ a_{12},\ \ldots,\ a_{mn},\ b_{11},\ b_{12},\ \ldots,\ b_{mn} \in \mathbb{R},\ \ c \in \mathbb{R}$ とする.

$$A = \begin{bmatrix} a_{11} & a_{12} & \cdots & a_{1n} \\ a_{21} & a_{22} & \cdots & a_{2n} \\ & \cdots & \\ a_{m1} & a_{m2} & \cdots & a_{mn} \end{bmatrix}, \quad B = \begin{bmatrix} b_{11} & b_{12} & \cdots & b_{1n} \\ b_{21} & b_{22} & \cdots & b_{2n} \\ & \cdots & \\ b_{m1} & b_{m2} & \cdots & b_{mn} \end{bmatrix}$$

がともに $m \times n$ 行列であるとき,

$$c\,A := \begin{bmatrix} c\,a_{11} & c\,a_{12} & \cdots & c\,a_{1n} \\ c\,a_{21} & c\,a_{22} & \cdots & c\,a_{2n} \\ & \cdots & \\ c\,a_{m1} & c\,a_{m2} & \cdots & c\,a_{mn} \end{bmatrix}$$

と定める.

特に, $\quad -A := (-1)\,A = \begin{bmatrix} -a_{11} & -a_{12} & \cdots & -a_{1n} \\ -a_{21} & -a_{22} & \cdots & -a_{2n} \\ & \cdots & \\ -a_{m1} & -a_{m2} & \cdots & -a_{mn} \end{bmatrix}$

である. また

$$A - B := A + (-B)$$

$$= \begin{bmatrix} a_{11}+(-b_{11}) & a_{12}+(-b_{12}) & \cdots & a_{1n}+(-b_{1n}) \\ a_{21}+(-b_{21}) & a_{22}+(-b_{22}) & \cdots & a_{2n}+(-b_{2n}) \\ & \cdots & \\ a_{m1}+(-b_{m1}) & a_{m2}+(-b_{m2}) & \cdots & a_{mn}+(-b_{mn}) \end{bmatrix}$$

$$= \begin{bmatrix} a_{11}-b_{11} & a_{12}-b_{12} & \cdots & a_{1n}-b_{1n} \\ a_{21}-b_{21} & a_{22}-b_{22} & \cdots & a_{2n}-b_{2n} \\ & \cdots & \\ a_{m1}-b_{m1} & a_{m2}-b_{m2} & \cdots & a_{mn}-b_{mn} \end{bmatrix}$$

と定める.

例 1.2

$$A = \begin{bmatrix} 1 & 2 \\ 3 & 4 \end{bmatrix}, B = \begin{bmatrix} 3 & 2 \\ -1 & 1 \end{bmatrix} \text{ とすると,}$$

$$\frac{5}{6} A = \frac{5}{6} \begin{bmatrix} 1 & 2 \\ 3 & 4 \end{bmatrix} = \begin{bmatrix} \frac{5}{6} \times 1 & \frac{5}{6} \times 2 \\ \frac{5}{6} \times 3 & \frac{5}{6} \times 4 \end{bmatrix} = \begin{bmatrix} \frac{5}{6} & \frac{5}{3} \\ \frac{5}{2} & \frac{10}{3} \end{bmatrix}$$

である. また, A, B ともに 2×2 行列で型が同じであるから, 差 $A - B$ は計算可能で, その結果は

$$A - B = A + (-B) = \begin{bmatrix} 1 & 2 \\ 3 & 4 \end{bmatrix} + \begin{bmatrix} -3 & -2 \\ 1 & -1 \end{bmatrix}$$

$$= \begin{bmatrix} 1 + (-3) & 2 + (-2) \\ 3 + 1 & 4 + (-1) \end{bmatrix} = \begin{bmatrix} -2 & 0 \\ 4 & 3 \end{bmatrix}$$

なお, 差 $A - B$ については, 以下のように計算してもよいが, 計算ミスをしやすいので注意すること.

$$A - B = \begin{bmatrix} 1 & 2 \\ 3 & 4 \end{bmatrix} - \begin{bmatrix} 3 & 2 \\ -1 & 1 \end{bmatrix} = \begin{bmatrix} 1 - 3 & 2 - (-2) \\ 3 - (-1) & 4 - 1 \end{bmatrix} = \begin{bmatrix} -2 & 0 \\ 4 & 3 \end{bmatrix}$$

問題 1.5

$$A = \begin{bmatrix} 1 & -3 \\ 5 & -1 \end{bmatrix}, B = \begin{bmatrix} 4 & 5 \\ 6 & -1 \end{bmatrix}, C = \begin{bmatrix} 1 & -2 & 1 \\ -1 & 0 & 2 \end{bmatrix} \text{ とする.}$$

このとき $2A, \frac{3}{2}B, -2C, A - B, B - C, B - A, C - B$ を求めなさい.

計算不能な場合は「計算不能」と答えること.

[解答] 詳しい解説は演習書 p.12〜13 を参照のこと.

$$2A = \begin{bmatrix} 4 & -6 \\ 10 & -2 \end{bmatrix}, \ \frac{3}{2}B = \begin{bmatrix} 6 & \dfrac{15}{2} \\ 9 & -\dfrac{3}{2} \end{bmatrix}, \ -2C = \begin{bmatrix} -2 & 4 & -2 \\ 2 & 0 & -4 \end{bmatrix}, \ A - B =$$

$$\begin{bmatrix} -3 & -8 \\ -1 & 0 \end{bmatrix}, \ B - C \ \text{は計算不能}, \ B - A = \begin{bmatrix} 3 & 8 \\ 1 & 0 \end{bmatrix}, \ C - B \ \text{は計算不能}$$

1−5　行列の性質

　行列の演算では，実数の演算と同じ性質をもつものと，異なる性質をもつものとがある．ここでは，行列の和と実数倍に関する性質を述べるが，実数の性質と異なる点は，和 (差) のときに同じ型の行列でないと計算不能になる点だけである．以下，必要に応じて，2 つの 2 × 2 行列

$$A = \begin{bmatrix} 1 & 2 \\ -2 & -1 \end{bmatrix}, \qquad B = \begin{bmatrix} 2 & -1 \\ 3 & 2 \end{bmatrix}$$

と，同じ型の 2 × 2 零行列 $O = \begin{bmatrix} 0 & 0 \\ 0 & 0 \end{bmatrix}$ を用いて，性質を調べることにする.

　まず，和の順序についてであるが，p.19 の 注意 にあるとおり，考慮する必要はない．また，零行列との和については，例えば

$$A + O = \begin{bmatrix} 1 & 2 \\ -2 & -1 \end{bmatrix} + \begin{bmatrix} 0 & 0 \\ 0 & 0 \end{bmatrix} = \begin{bmatrix} 1+0 & 2+0 \\ -2+0 & -1+0 \end{bmatrix} = \begin{bmatrix} 1 & 2 \\ -2 & -1 \end{bmatrix} = A$$

が成り立つ．A を一般の行列としても同様に成り立つことがわかるので，次のようにまとめることができる．

行列の性質 (その 1)

　同じ型の行列 A, B, C と，同じ型 の零行列 O に対して次が成り立つ.

(1) $A + B = B + A$

(2) $(A + B) + C = A + (B + C)$ 　 (これを $A + B + C$ と表す)

(3) $A + O = A, \qquad O + A = A$

続いて, 実数倍については, $\lambda,\ \mu \in \mathbb{R}$ とすると

$$0\,A = 0 \begin{bmatrix} 1 & 2 \\ -2 & -1 \end{bmatrix} = \begin{bmatrix} 0 \times 1 & 0 \times 2 \\ 0 \times (-2) & 0 \times (-1) \end{bmatrix} = \begin{bmatrix} 0 & 0 \\ 0 & 0 \end{bmatrix} = O$$

$$1\,A = 1 \begin{bmatrix} 1 & 2 \\ -2 & -1 \end{bmatrix} = \begin{bmatrix} 1 \times 1 & 1 \times 2 \\ 1 \times (-2) & 1 \times (-1) \end{bmatrix} = \begin{bmatrix} 1 & 2 \\ -2 & -1 \end{bmatrix} = A$$

$$(\lambda\mu)\,A = (\lambda\mu) \begin{bmatrix} 1 & 2 \\ -2 & -1 \end{bmatrix} = \begin{bmatrix} (\lambda\mu) \times 1 & (\lambda\mu) \times 2 \\ (\lambda\mu) \times (-2) & (\lambda\mu) \times (-1) \end{bmatrix}$$

$$= \begin{bmatrix} \lambda \times (\mu \times 1) & \lambda \times (\mu \times 2) \\ \lambda \times (\mu \times (-2)) & \lambda \times (\mu \times (-1)) \end{bmatrix}$$

$$= \lambda \begin{bmatrix} \mu \times 1 & \mu \times 2 \\ \mu \times (-2) & \mu \times (-1) \end{bmatrix} = \lambda \left\{ \mu \begin{bmatrix} 1 & 2 \\ -2 & -1 \end{bmatrix} \right\} = \lambda\,(\mu\,A)$$

が成り立つ. A を一般の行列としても同様に成り立つことがわかるので, 次のようにまとめることができる.

行列の性質 (その 2)

　行列 A と $\lambda,\ \mu \in \mathbb{R}$ に対して, 次が成り立つ.

(4) $0\,A = O$

(5) $1\,A = A$

(6) $(\lambda\mu)\,A = \lambda\,(\mu\,A)$　　（これを $\lambda\mu\,A$ と表す）

また, 和と実数倍を組み合わせたものとして, 次が成り立つ.

行列の性質 (その 3)

　同じ型の行列 $A,\ B$ と $\lambda,\ \mu \in \mathbb{R}$ に対して, 次が成り立つ.

(7) $\lambda(A + B) = \lambda A + \lambda B$

(8) $(\lambda + \mu)A = \lambda A + \mu A$

これらが成り立つことを具体的な例で確かめよう（章末問題 1.2）.

例題 1.2 次の行列の計算をしなさい. 計算不能な場合は「計算不能」と答えること.

(1) $7 \begin{bmatrix} 2 & 1 \\ -1 & -3 \end{bmatrix} + 7 \begin{bmatrix} -2 & 1 \\ -1 & 3 \end{bmatrix}$ (2) $21 \begin{bmatrix} 2 & 1 \\ -1 & 3 \end{bmatrix} - 19 \begin{bmatrix} 2 & 1 \\ -1 & 3 \end{bmatrix}$

[解答] いずれも, 行列の性質を用いて 簡単にしてから計算をする.

(1) 行列の前にある数が同じであるから, 行列の性質 (7) より

$$7 \begin{bmatrix} 2 & 1 \\ -1 & -3 \end{bmatrix} + 7 \begin{bmatrix} -2 & 1 \\ -1 & 3 \end{bmatrix}$$
$$= 7 \left\{ \begin{bmatrix} 2 & 1 \\ -1 & -3 \end{bmatrix} + \begin{bmatrix} -2 & 1 \\ -1 & 3 \end{bmatrix} \right\} = 7 \begin{bmatrix} 0 & 2 \\ -2 & 0 \end{bmatrix} = \begin{bmatrix} \mathbf{0} & \mathbf{14} \\ \mathbf{-14} & \mathbf{0} \end{bmatrix}$$

(2) 行列が同じであるから, 行列の性質 (8) より

$$21 \begin{bmatrix} 2 & 1 \\ -1 & 3 \end{bmatrix} - 19 \begin{bmatrix} 2 & 1 \\ -1 & 3 \end{bmatrix}$$
$$= (21 - 19) \begin{bmatrix} 2 & 1 \\ -1 & 3 \end{bmatrix} = 2 \begin{bmatrix} 2 & 1 \\ -1 & 3 \end{bmatrix} = \begin{bmatrix} \mathbf{4} & \mathbf{2} \\ \mathbf{-2} & \mathbf{6} \end{bmatrix}$$

問題 1.6 次の行列の計算をしなさい. 計算不能な場合は「計算不能」と答えること.

(1) $3 \begin{bmatrix} 57 & 48 \\ 39 & 44 \end{bmatrix} - 3 \begin{bmatrix} 56 & 49 \\ 39 & 43 \end{bmatrix}$ (2) $39 \begin{bmatrix} 1 & 2 \\ -1 & 3 \end{bmatrix} - 41 \begin{bmatrix} 1 & 2 \\ -1 & 3 \end{bmatrix}$

[解答] 詳しい解説は演習書 p.13 を参照のこと.

(1) $\begin{bmatrix} 3 & -3 \\ 0 & 3 \end{bmatrix}$ (2) $\begin{bmatrix} -2 & -4 \\ 2 & -6 \end{bmatrix}$

章末問題 1

章末問題 1.1　次の行列の計算をしなさい. 計算不能な場合は「計算不能」と答えること.

(1) $\begin{bmatrix} 1 & 3 \\ 5 & 7 \end{bmatrix} + \begin{bmatrix} 8 & 7 \\ 6 & 5 \end{bmatrix}$　　(2) $\begin{bmatrix} 8 & 7 \\ 6 & 5 \end{bmatrix} + \begin{bmatrix} 1 & 3 \\ 5 & 7 \end{bmatrix}$

(3) $\begin{bmatrix} 1 & 2 & 3 \\ 4 & 5 & 6 \end{bmatrix} + \begin{bmatrix} 7 & 8 \\ 9 & 0 \end{bmatrix}$　　(4) $\begin{bmatrix} 1 & 2 \\ 3 & 4 \end{bmatrix} + \begin{bmatrix} 5 & 6 \\ 7 & 8 \\ 9 & 0 \end{bmatrix}$

(5) $\begin{bmatrix} 1 \\ 3 \end{bmatrix} + \begin{bmatrix} 2 \\ 4 \end{bmatrix}$　　(6) $\begin{bmatrix} 1 & 2 & 1 \end{bmatrix} + \begin{bmatrix} 3 & 4 & -2 \end{bmatrix}$

(7) $\begin{bmatrix} 1 & -2 & 3 \\ -3 & 2 & -1 \end{bmatrix} + \begin{bmatrix} 2 & 3 & 4 \\ 4 & 3 & 2 \end{bmatrix}$　　(8) $\begin{bmatrix} 1 & -3 \\ -2 & 2 \\ 3 & 1 \end{bmatrix} + \begin{bmatrix} 2 & 4 \\ 3 & 3 \\ 4 & 2 \end{bmatrix}$

(9) $\begin{bmatrix} 1 & -2 & 3 \\ -3 & 2 & -1 \\ 3 & -1 & 2 \end{bmatrix} + \begin{bmatrix} 2 & 3 & 4 \\ 4 & 3 & 2 \\ 3 & 4 & 1 \end{bmatrix}$

(10) $2\begin{bmatrix} 1 & -3 & 1 \\ -2 & 2 & 2 \\ 3 & 1 & -3 \end{bmatrix} + 3\begin{bmatrix} -2 & 1 & -1 \\ 1 & 3 & 1 \\ 2 & 2 & 3 \end{bmatrix}$

(11) $\begin{bmatrix} 1 & 2 \\ 3 & 4 \end{bmatrix} - \begin{bmatrix} 5 & 6 \\ 7 & 8 \end{bmatrix}$　　(12) $\begin{bmatrix} 5 & 6 \\ 7 & 8 \end{bmatrix} - \begin{bmatrix} 1 & 2 \\ 3 & 4 \end{bmatrix}$

(13) $\begin{bmatrix} 1 & 2 & 3 \\ 4 & 5 & 6 \end{bmatrix} - \begin{bmatrix} 7 & 8 \\ 9 & 0 \end{bmatrix}$　　(14) $\begin{bmatrix} 1 & 2 \\ 3 & 4 \end{bmatrix} - \begin{bmatrix} 5 & 6 \\ 7 & 8 \\ 9 & 0 \end{bmatrix}$

(15) $\begin{bmatrix} 1 \\ 3 \end{bmatrix} - \begin{bmatrix} 2 \\ 4 \end{bmatrix}$　　(16) $\begin{bmatrix} 1 & 2 & 1 \end{bmatrix} - \begin{bmatrix} 3 & 4 & -2 \end{bmatrix}$

(17) $\begin{bmatrix} 1 & -2 & 3 \\ -3 & 2 & -1 \end{bmatrix} - \begin{bmatrix} 2 & 3 & 4 \\ 4 & 3 & 2 \end{bmatrix}$ (18) $\begin{bmatrix} 1 & -3 \\ -2 & 2 \\ 3 & 1 \end{bmatrix} - \begin{bmatrix} 2 & 4 \\ 3 & 3 \\ 4 & 2 \end{bmatrix}$

(19) $\begin{bmatrix} 1 & -2 & 3 \\ -3 & 2 & -1 \\ 3 & -1 & 2 \end{bmatrix} - \begin{bmatrix} 2 & 3 & 4 \\ 4 & 3 & 2 \\ 3 & 4 & 1 \end{bmatrix}$

(20) $2\begin{bmatrix} 1 & -3 & 1 \\ -2 & 2 & 2 \\ 3 & 1 & -3 \end{bmatrix} - 3\begin{bmatrix} -2 & 1 & -1 \\ 1 & 3 & 1 \\ 2 & 2 & 3 \end{bmatrix}$

[解答]　(1) $\begin{bmatrix} 9 & 10 \\ 11 & 12 \end{bmatrix}$　(2) $\begin{bmatrix} 9 & 10 \\ 11 & 12 \end{bmatrix}$　(3) 計算不能　(4) 計算不能

(5) $\begin{bmatrix} 3 \\ 7 \end{bmatrix}$　(6) $\begin{bmatrix} 4 & 6 & -1 \end{bmatrix}$　(7) $\begin{bmatrix} 3 & 1 & 7 \\ 1 & 5 & 1 \end{bmatrix}$　(8) $\begin{bmatrix} 3 & 1 \\ 1 & 5 \\ 7 & 3 \end{bmatrix}$

(9) $\begin{bmatrix} 3 & 1 & 7 \\ 1 & 5 & 1 \\ 6 & 3 & 3 \end{bmatrix}$　(10) $\begin{bmatrix} -4 & -3 & -1 \\ -1 & 13 & 7 \\ 12 & 8 & 3 \end{bmatrix}$　(11) $\begin{bmatrix} -4 & -4 \\ -4 & -4 \end{bmatrix}$

(12) $\begin{bmatrix} 4 & 4 \\ 4 & 4 \end{bmatrix}$　(13) 計算不能　(14) 計算不能　(15) $\begin{bmatrix} -1 \\ -1 \end{bmatrix}$

(16) $\begin{bmatrix} -2 & -2 & 3 \end{bmatrix}$　(17) $\begin{bmatrix} -1 & -5 & -1 \\ -7 & -1 & -3 \end{bmatrix}$　(18) $\begin{bmatrix} -1 & -7 \\ -5 & -1 \\ -1 & -1 \end{bmatrix}$

(19) $\begin{bmatrix} -1 & -5 & -1 \\ -7 & -1 & -3 \\ 0 & -5 & 1 \end{bmatrix}$　(20) $\begin{bmatrix} 8 & -9 & 5 \\ -7 & -5 & 1 \\ 0 & -4 & -15 \end{bmatrix}$

章末問題 1.2　次の各問に答えなさい.

(1) 次の行列 A, B と, 実数 λ, μ に対して, 行列の性質

　　(7) $\lambda(A+B) = \lambda A + \lambda B$

　　(8) $(\lambda+\mu)A = \lambda A + \mu A$

が成り立つことを確かめなさい.

$$A = \begin{bmatrix} 1 & 2 \\ -2 & -1 \end{bmatrix}, \qquad B = \begin{bmatrix} 2 & -1 \\ 3 & 2 \end{bmatrix}, \qquad \lambda = 3, \qquad \mu = -1$$

(2) $A = \begin{bmatrix} 1 & 3 \\ 0 & -1 \end{bmatrix}$, $B = \begin{bmatrix} 2 & 1 \\ -3 & 2 \end{bmatrix}$ に対して

$$\frac{2}{3}A + \frac{1}{2}B, \quad \frac{2}{3}A - \frac{1}{2}B$$

を計算しなさい.

(3) $20 \begin{bmatrix} 2 & 1 \\ -1 & 4 \end{bmatrix} - 17 \begin{bmatrix} 3 & -2 \\ 1 & 3 \end{bmatrix} - 20 \begin{bmatrix} -1 & 3 \\ -2 & 1 \end{bmatrix}$ を計算しなさい.

≡ヒント≡　(1) 与えられた行列と実数を等式に代入し, 左辺と右辺をそれぞれ計算する. (2) 地道に計算する. 分数の足し算と引き算に注意. (3) 行列の性質を用いる. まとめる順序に注意.

[解答]　詳しい解説は演習書 p.16〜17 を参照のこと.

(1) 演習書 p.16〜17 参照

(2) $\dfrac{2}{3}A + \dfrac{1}{2}B = \begin{bmatrix} \dfrac{5}{3} & \dfrac{5}{2} \\ -\dfrac{3}{2} & \dfrac{1}{3} \end{bmatrix}$, $\quad \dfrac{2}{3}A - \dfrac{1}{2}B = \begin{bmatrix} -\dfrac{1}{3} & \dfrac{3}{2} \\ \dfrac{3}{2} & -\dfrac{5}{3} \end{bmatrix}$

(3) $\begin{bmatrix} 9 & -6 \\ 3 & 9 \end{bmatrix}$

第2章 行列の積

そもそも行列とは数が並んだ表であるから，それらの掛け算とはどういうものなのか見当もつかないかもしれない．一方でいろいろな定め方も考えられるのかもしれないが，それが何かの役に立つものでなければ意味がないともいえる．

そこで具体例をもとにして，行列の積をどう定めたらよいか考えよう．

2-1 行ベクトルと列ベクトルの積

例えば，次の状況を考えてみよう．

> ある映画の入場料は 大人 1800 円，学生 1200 円，子ども 900 円 であり，ある映画館のある上映会の有料入場者数が 大人 100 人，学生 20 人，子ども 150 人 であったという．このときの 入場売上はいくらであろうか？

このとき，入場料金 を横長の表，有料入場者数 を縦長の表としてまとめ，さらに 大人，学生，子ども の順序が同じになるよう配置すると[1]

	大人	学生	子ども
入場料 (円)	1800	1200	900

	入場者数 (人)
大人	100
学生	20
子ども	150

である．すると，この上映会の入場売上は，大人と学生と子どもごとに入場料と入場者数を掛けて 足し合わせればよいので

$$1800 \times 100 + 1200 \times 20 + 900 \times 150 = 180000 + 24000 + 135000 = 339000$$

---

[1] 何を横長の表に，何を縦長の表にするかについては他のやり方も考えられるが，この形で議論する．

より, 339000 円 である.

　横長の表を行ベクトル, 縦長の表を列ベクトルで表すと

$$\begin{bmatrix} 1800 & 1200 & 900 \end{bmatrix}, \quad \begin{bmatrix} 100 \\ 20 \\ 150 \end{bmatrix}$$

となる. この計算をこの行ベクトルと列ベクトルの積であると考えれば,

$$\begin{bmatrix} \boxed{1800} & \boxed{1200} & \boxed{900} \end{bmatrix} \begin{bmatrix} \boxed{100} \\ \boxed{20} \\ \boxed{150} \end{bmatrix}$$

$$= \begin{bmatrix} \boxed{1800} \times \boxed{100} + \boxed{1200} \times \boxed{20} + \boxed{900} \times \boxed{150} \end{bmatrix}$$

$$= \begin{bmatrix} 180000 + 24000 + 135000 \end{bmatrix} = \begin{bmatrix} 339000 \end{bmatrix}$$

のように定めるのが自然である [2].

　一方, 以下の 2 つの表から売上高を計算することを考えよう.

	大人	学生	子ども
入場料 (円)	1800	1200	900

	入場者数 (人)
大人	100
子ども	150

右表には「学生」の行がないため, 学生の入場者数は不明である. よって, 左表の「学生」に対応させる相手がいなく, 計算できない [3].

　さらにこれを行列として考えたときには, 具体的な内容をすべて省いて [4] 数が並んだものとしてのみ考えているため, 計算することはナンセンスである. このことから, 行ベクトルと列ベクトルの成分の個数が異なる場合は, それらの積を 考えないことにする.

---

[2] 行列と行列の積なので答えは行列にする. ベクトルの内積とは異なることに注意.

[3] 学生が 0 人であるかどうかも不明であり, 断定はできない.

[4] もとの問題のような「大人」「学生」「子ども」といった区分がないため, 勝手に 0 を付け加えても意味のあるものになるかわからない.

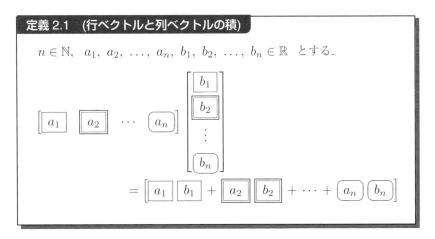

$$\begin{bmatrix} 1800 & 1200 & 900 \end{bmatrix} \begin{bmatrix} 100 \\ 150 \end{bmatrix}$$

$$= \begin{bmatrix} 1200 \times 100 + 1200 \times \boxed{?} + 900 \times 150 \end{bmatrix}$$

相手がいない!!

一般的に, 行ベクトル と 列ベクトル の 積 を, 行ベクトルの列数と, 列ベクトルの行数が同じ ときに限り, 次式で定義する.

定義 2.1 (行ベクトルと列ベクトルの積)

$n \in \mathbb{N},\ a_1,\ a_2,\ \dots,\ a_n,\ b_1,\ b_2,\ \dots,\ b_n \in \mathbb{R}$ とする.

$$\begin{bmatrix} a_1 & a_2 & \cdots & a_n \end{bmatrix} \begin{bmatrix} b_1 \\ b_2 \\ \vdots \\ b_n \end{bmatrix}$$

$$= \begin{bmatrix} a_1\, b_1 + a_2\, b_2 + \cdots + a_n\, b_n \end{bmatrix}$$

なお, 行ベクトルの列数と, 列ベクトルの行数が同じでないとき, 行ベクトルと列ベクトルの積は 計算不能 とする.

注意　定義 2.1 の数式は, 和の記号 $\sum$ を使えば

$$\begin{bmatrix} a_1 & a_2 & \cdots & a_n \end{bmatrix} \begin{bmatrix} b_1 \\ b_2 \\ \vdots \\ b_n \end{bmatrix} := \begin{bmatrix} \displaystyle\sum_{k=1}^{n} a_k\, b_k \end{bmatrix}$$

と表すことができる [5].

---

[5] 和の記号 $\sum$ については, 例えば [3] 『金利の計算』7-2 節 (p.94) を参照のこと.

例 2.1

(1) $\begin{bmatrix} 5 & 7 \end{bmatrix} \begin{bmatrix} 2 \\ 4 \end{bmatrix} = \begin{bmatrix} 5 \times 2 + 7 \times 4 \end{bmatrix} = \begin{bmatrix} 38 \end{bmatrix}$

(2) $\begin{bmatrix} 1 & 2 & -3 \end{bmatrix} \begin{bmatrix} -5 \\ 0 \\ 2 \end{bmatrix} = \begin{bmatrix} 1 \times (-5) + 2 \times 0 + (-3) \times 2 \end{bmatrix}$

$$= \begin{bmatrix} -5 + 0 - 6 \end{bmatrix} = \begin{bmatrix} -11 \end{bmatrix}$$

問題 2.1　次の行ベクトルと列ベクトルの積を計算しなさい.

(1) $\begin{bmatrix} 5 & 7 \end{bmatrix} \begin{bmatrix} -2 \\ 4 \end{bmatrix}$
　　　　　　(2) $\begin{bmatrix} 1 & 0 & -2 \end{bmatrix} \begin{bmatrix} 0 \\ 3 \\ 2 \end{bmatrix}$

(3) $\begin{bmatrix} 2 & 3 & 1 \end{bmatrix} \begin{bmatrix} -3 \\ 1 \end{bmatrix}$
　　　　　　(4) $\begin{bmatrix} -2 & 1 & 4 \end{bmatrix} \begin{bmatrix} 2 \\ -3 \\ 1 \end{bmatrix}$

(5) $\begin{bmatrix} 2 & 4 \end{bmatrix} \begin{bmatrix} 1 \\ -23 \\ 32 \end{bmatrix}$
　　　　　　(6) $\begin{bmatrix} 2 & -1 & 0 & 3 \end{bmatrix} \begin{bmatrix} -1 \\ 3 \\ 4 \\ 2 \end{bmatrix}$

[解答]　詳しい解説は, 演習書 p.19 を参照のこと.

(1) $\begin{bmatrix} 18 \end{bmatrix}$　(2) $\begin{bmatrix} -4 \end{bmatrix}$　(3) 計算不能　(4) $\begin{bmatrix} -3 \end{bmatrix}$　(5) 計算不能　(6) $\begin{bmatrix} 1 \end{bmatrix}$

2−2 行列の積

　前節の考察を踏まえ, 次の状況をもとに 行列の積 をどのように定義するのがよいか考察しよう.

> 洋菓子店 P では 昨日 1 日 で, 苺ショートケーキ 20 個, 栗モンブラン 10 個, チョコレートケーキ 15 個 が売れ, 洋菓子店 Q では 苺ショートケーキ 10 個, 栗モンブラン 15 個, チョコレートケーキ 20 個 が売れた. 苺ショートケーキ, 栗モンブラン, チョコレートケーキの 3 商品の販売価格がそれぞれ 250 円, 350 円, 400 円 で, どの店でも同じ価格で販売しているとする.
> このとき, 各洋菓子店の 3 商品合計の売上高はそれぞれいくらか?

行ベクトルと列ベクトルの積のときと同様に, 項目の配置に注意して表にまとめると

販売数 (個)	苺	栗	チョコ
洋菓子店 P	20	10	15
洋菓子店 Q	10	15	20

販売価格 (円)	洋菓子店 P, Q
苺	250
栗	350
チョコ	400

であるから, 配列を変えずに数を取り出した行列を それぞれ A, B とすれば,

$$A = \begin{bmatrix} 20 & 10 & 15 \\ 10 & 15 & 20 \end{bmatrix}, \qquad B = \begin{bmatrix} 250 \\ 350 \\ 400 \end{bmatrix}$$

となる.

　ここで, 洋菓子店 P の売上高について まず求めてみよう. これは, 行列 A の第 1 行からなる行ベクトル と 列ベクトル B の 積 を計算すればよいので

$$\begin{bmatrix} \boxed{20} & \boxed{10} & \boxed{15} \end{bmatrix} \begin{bmatrix} \boxed{250} \\ \boxed{350} \\ \boxed{400} \end{bmatrix}$$

$$= \begin{bmatrix} \boxed{20} \times \boxed{250} + \boxed{10} \times \boxed{350} + \boxed{15} \times \boxed{400} \end{bmatrix}$$

$$= \begin{bmatrix} 5000 + 3500 + 6000 \end{bmatrix} = \begin{bmatrix} 14500 \end{bmatrix}$$

より, 14500 円である.

　同様に, 洋菓子店 Q の売上高は, 行列 A の第 2 行からなる行ベクトル と 列ベクトル B の 積 を計算すればよいので

$$\begin{bmatrix} \boxed{10} & \boxed{15} & \boxed{20} \end{bmatrix} \begin{bmatrix} \boxed{250} \\ \boxed{350} \\ \boxed{400} \end{bmatrix}$$

$$= \begin{bmatrix} \boxed{10} \times \boxed{250} + \boxed{15} \times \boxed{350} + \boxed{20} \times \boxed{400} \end{bmatrix}$$

$$= \begin{bmatrix} 2500 + 5250 + 8000 \end{bmatrix} = \begin{bmatrix} 15750 \end{bmatrix}$$

より, 15750 円である.

　この 2 つの計算は, 行ベクトルの成分が異なるだけで, 列ベクトルや計算方法はまったく同じであった. また, 行列 A の各行は, 行ベクトルと列ベクトルの積の計算において, それぞれ互いに影響を与えることはなかった [6]. よって, 次のようにあわせて考えてもよいだろう.

$$\begin{bmatrix} \boxed{20} & \boxed{10} & \boxed{15} \\ \boxed{10} & \boxed{15} & \boxed{20} \end{bmatrix} \begin{bmatrix} \boxed{250} \\ \boxed{350} \\ \boxed{400} \end{bmatrix}$$

$$= \begin{bmatrix} \boxed{20} \times \boxed{250} + \boxed{10} \times \boxed{350} + \boxed{15} \times \boxed{400} \\ \boxed{10} \times \boxed{250} + \boxed{15} \times \boxed{350} + \boxed{20} \times \boxed{400} \end{bmatrix}$$

---

[6] A の第 1 行が, A の第 2 行と B の積に一切影響を与えていない, ということである.

$$= \begin{bmatrix} 5000 + 3500 + 6000 \\ 2500 + 5250 + 8000 \end{bmatrix} = \begin{bmatrix} 14500 \\ 15750 \end{bmatrix}$$

このことを, 左の行列 A は 行ベクトル が縦に 2 つ並んでいて, それぞれ 行ベクトルと列ベクトルの積 であることを強調すると, 次のように表すことができる.

$$AB = \begin{bmatrix} 20 & 10 & 15 \\ 10 & 15 & 20 \end{bmatrix} \begin{bmatrix} 250 \\ 350 \\ 400 \end{bmatrix} = \begin{bmatrix} \begin{bmatrix} 20 & 10 & 15 \end{bmatrix} \begin{bmatrix} 250 \\ 350 \\ 400 \end{bmatrix} \\ \begin{bmatrix} 10 & 15 & 20 \end{bmatrix} \begin{bmatrix} 250 \\ 350 \\ 400 \end{bmatrix} \end{bmatrix}$$

$$= \begin{bmatrix} 20 \times 250 + 10 \times 350 + 15 \times 400 \\ 10 \times 250 + 15 \times 350 + 20 \times 400 \end{bmatrix} = \begin{bmatrix} 5000 + 3500 + 6000 \\ 2500 + 5250 + 8000 \end{bmatrix}$$

$$= \begin{bmatrix} 14500 \\ 15750 \end{bmatrix}$$

今度は, 少し状況を変えてみよう.

秋になると苺が値上がりする一方で栗が安くなるので価格改定を検討する. 洋菓子店 P では翌日 1 日 の販売目標を, それぞれ 苺ショートケーキ 25 個, 栗モンブラン 15 個, チョコレートケーキ 20 個 と設定したが, これらの商品の販売価格をどのようにするか悩んでいた. そこで, まず シーズンごとの販売価格案 を作成して それぞれの予想売上高を算出し, 参考とすることにした. 春の価格案は, それぞれ 250 円, 350 円, 400 円, 秋の価格案は, それぞれ 320 円, 300 円, 410 円 である.

このとき, 春と秋の 1 日の予想売上高はそれぞれいくらか?

先ほどと同じように, 項目の配置に注意して表にまとめると

販売目標 (個)	苺	栗	チョコ
洋菓子店 P	25	15	20

販売価格 (円)	春	秋
苺	250	320
栗	350	300
チョコ	400	410

であるから, 配列を変えずに数を取り出した行列を それぞれ C, D とすると,

$$C = \begin{bmatrix} 25 & 15 & 20 \end{bmatrix}, \qquad D = \begin{bmatrix} 250 & 320 \\ 350 & 300 \\ 400 & 410 \end{bmatrix}$$

である.

　まず春の 1 日の予想売上高を求めてみよう. これは, 行ベクトル C と 行列 D の第 1 列からなる列ベクトル の 積 を計算すればよいので

$$\begin{bmatrix} 25 & 15 & 20 \end{bmatrix} \begin{bmatrix} 250 \\ 350 \\ 400 \end{bmatrix}$$
$$= \begin{bmatrix} 25 \times 250 + 15 \times 350 + 20 \times 400 \end{bmatrix}$$
$$= \begin{bmatrix} 6250 + 5250 + 8000 \end{bmatrix} = \begin{bmatrix} 19500 \end{bmatrix}$$

より, 19500 円である. 同様に, 秋の 1 日の予想売上高は, 行ベクトル C と 行列 D の第 2 列からなる列ベクトル の 積 を計算すればよいので

$$\begin{bmatrix} 25 & 15 & 20 \end{bmatrix} \begin{bmatrix} 320 \\ 300 \\ 410 \end{bmatrix}$$
$$= \begin{bmatrix} 25 \times 320 + 15 \times 300 + 20 \times 410 \end{bmatrix}$$
$$= \begin{bmatrix} 8000 + 4500 + 8200 \end{bmatrix} = \begin{bmatrix} 20700 \end{bmatrix}$$

より, 20700 円である.

この 2 つの計算は, 列ベクトルの成分が異なるだけで, 行ベクトルや計算方法はまったく同じであった. また, 行列 D の各列は, 行ベクトルと列ベクトルの積の計算において, それぞれ互いに影響を与えることはなかった. よって, 次のようにあわせて考えてもよいだろう.

$$CD = \begin{bmatrix} 25 & 15 & 20 \end{bmatrix} \begin{bmatrix} 250 & 320 \\ 350 & 300 \\ 400 & 410 \end{bmatrix}$$

$$= \begin{bmatrix} \begin{bmatrix} 25 & 15 & 20 \end{bmatrix} \begin{bmatrix} 250 \\ 350 \\ 400 \end{bmatrix} & \begin{bmatrix} 25 & 15 & 20 \end{bmatrix} \begin{bmatrix} 320 \\ 300 \\ 410 \end{bmatrix} \end{bmatrix}$$

$$= \begin{bmatrix} 25\times250+15\times350+20\times400 & 25\times320+15\times300+20\times410 \end{bmatrix}$$

$$= \begin{bmatrix} 19500 & 20700 \end{bmatrix}$$

さらに, 次の状況を考えてみよう.

> 洋菓子店 P では 1 日の販売目標を, それぞれ 苺ショートケーキ 25 個, 栗モンブラン 15 個, チョコレートケーキ 20 個 と設定し, 洋菓子店 Q ではそれぞれ 苺ショートケーキ 15 個, 栗モンブラン 20 個, チョコレートケーキ 25 個 と設定した.
>
> また, 春の販売価格案 は苺ショートケーキ, 栗モンブラン, チョコレートケーキの 3 商品の価格を 250 円, 350 円, 400 円 , 秋の価格はそれぞれ 320 円, 300 円, 410 円 とする.
>
> このとき, 各洋菓子店の春と秋の 1 日の予想売上高はそれぞれいくらか?

同じように, 項目の配置に注意して表にまとめると

販売目標 (個)	苺	栗	チョコ
洋菓子店 P	25	15	20
洋菓子店 Q	15	20	25

販売価格 (円)	案 (a)	案 (b)
苺	250	320
栗	350	300
チョコ	400	410

であるから, 配列を変えずに数を取り出した行列を それぞれ A, D とすると,

$$A = \begin{bmatrix} 25 & 15 & 20 \\ 15 & 20 & 25 \end{bmatrix}, \qquad D = \begin{bmatrix} 250 & 320 \\ 350 & 300 \\ 400 & 410 \end{bmatrix}$$

である. 洋菓子店 P における両案の予想売上高は, すでに行ベクトル $C = \begin{bmatrix} 25 & 15 & 20 \end{bmatrix}$ と行列 D を用いて計算してあるので, 項目の配置に注意して予想売上高を表にまとめると

予想売上高 (円)	案 (a)	案 (b)
洋菓子店 P	19500	20700
洋菓子店 Q		

となる.

　そこで, 洋菓子店 Q における両案の予想売上高を行ベクトル $B = \begin{bmatrix} 15 & 20 & 25 \end{bmatrix}$ と行列 D を用いて同様に計算すると

$$BD = \begin{bmatrix} 15 & 20 & 25 \end{bmatrix} \begin{bmatrix} 250 & 320 \\ 350 & 300 \\ 400 & 410 \end{bmatrix}$$

$$= \begin{bmatrix} \begin{bmatrix} 15 & 20 & 25 \end{bmatrix} \begin{bmatrix} 250 \\ 350 \\ 400 \end{bmatrix} & \begin{bmatrix} 15 & 20 & 25 \end{bmatrix} \begin{bmatrix} 320 \\ 300 \\ 410 \end{bmatrix} \end{bmatrix}$$

$$= \begin{bmatrix} 20750 & 21050 \end{bmatrix}$$

　この 2 つの計算は, 行ベクトル B, C の成分が異なるだけで, 行列 D や計算方法はまったく同じである. また, 行列 D の各列は, 行ベクトルと列ベクトルの積の計算において, それぞれ互いに影響を与えることはなかった. よって, 次のようにあわせて考えてもよいだろう.

$$AD = \begin{bmatrix} 25 & 15 & 20 \\ 15 & 20 & 25 \end{bmatrix} \begin{bmatrix} 250 & 320 \\ 350 & 300 \\ 400 & 410 \end{bmatrix}$$

$$= \begin{bmatrix} \begin{bmatrix} 25 & 15 & 20 \end{bmatrix} \begin{bmatrix} 250 \\ 350 \\ 400 \end{bmatrix} & \begin{bmatrix} 25 & 15 & 20 \end{bmatrix} \begin{bmatrix} 320 \\ 300 \\ 410 \end{bmatrix} \\ \begin{bmatrix} 15 & 20 & 25 \end{bmatrix} \begin{bmatrix} 250 \\ 350 \\ 400 \end{bmatrix} & \begin{bmatrix} 15 & 20 & 25 \end{bmatrix} \begin{bmatrix} 320 \\ 300 \\ 410 \end{bmatrix} \end{bmatrix}$$

$$= \begin{bmatrix} 19500 & 20700 \\ 20750 & 21050 \end{bmatrix}$$

これより, 予想売上高の表が次のように完成される.

予想売上高 (円)	案 (a)	案 (b)
洋菓子店 P	19500	20700
洋菓子店 Q	20750	21050

以上の考察をもとに, 行列どうしの掛け算について, 一般的な定義を考えよう.

定義 2.2　(行列の積)

$m,\ n,\ r \in \mathbb{N},\ a_{11},\ a_{12},\ \ldots,\ a_{mn},\ b_{11},\ b_{12},\ \ldots,\ b_{nr} \in \mathbb{R}$ とする.

$$A = \begin{bmatrix} a_{11} & a_{12} & \cdots & a_{1n} \\ a_{21} & a_{22} & \cdots & a_{2n} \\ & \cdots & & \\ a_{i1} & a_{i2} & \cdots & a_{in} \\ & \cdots & & \\ a_{m1} & a_{m2} & \cdots & a_{mn} \end{bmatrix}, \quad B = \begin{bmatrix} b_{11} & b_{12} & \cdots & b_{1j} & \cdots & b_{1r} \\ b_{21} & b_{22} & \cdots & b_{2j} & \cdots & b_{2r} \\ & \cdots & & & & \\ b_{n1} & b_{n2} & \cdots & b_{nj} & \cdots & b_{nr} \end{bmatrix}$$

のとき, 次のとおりである.

$$AB = \begin{bmatrix} c_{11} & c_{12} & \cdots & c_{1j} & \cdots & c_{1r} \\ c_{21} & c_{22} & \cdots & c_{2j} & \cdots & c_{2r} \\ & \cdots & & & & \\ c_{i1} & c_{i2} & \cdots & c_{ij} & \cdots & c_{ir} \\ & \cdots & & & & \\ c_{m1} & c_{m2} & \cdots & c_{mj} & \cdots & c_{mr} \end{bmatrix}$$

ここに, $c_{ij} = \begin{bmatrix} a_{i1} & a_{i2} & \cdots & a_{in} \end{bmatrix} \begin{bmatrix} b_{1j} \\ b_{2j} \\ \vdots \\ b_{nj} \end{bmatrix}$

$$= a_{i1}\,b_{1j} + a_{i2}\,b_{2j} + \cdots + a_{in}\,b_{nj} = \sum_{k=1}^{n} a_{ik}\,b_{kj}$$

　なお, A の列数と B の行数が同じでないときは, 積 AB を定義せず, 計算不能とする.

注意　$\boxed{m} \times \boxed{n}$ 行列 と $\boxed{n} \times \boxed{r}$ 行列の積で得られる行列の型は $\boxed{m} \times \boxed{r}$ である.

例 2.2

(1)　$A = \begin{bmatrix} 1 & 2 \\ -2 & -1 \end{bmatrix}$, $B = \begin{bmatrix} 2 & -1 \\ 3 & 2 \end{bmatrix}$ に対して, AB, BA を計算してみよう.

　A の型は $\boxed{2} \times \boxed{2}$, B の型は $\boxed{2} \times \boxed{2}$ であるから, A の列数と B の行数が一致するので, 積 AB は計算可能で, その型は $\boxed{2} \times \boxed{2}$ である. よって,

$$AB = \begin{bmatrix} 1 & 2 \\ -2 & -1 \end{bmatrix} \begin{bmatrix} 2 & -1 \\ 3 & 2 \end{bmatrix}$$

$$= \begin{bmatrix} 1 \times 2 + 2 \times 3 & 1 \times (-1) + 2 \times 2 \\ (-2) \times 2 + (-1) \times 3 & (-2) \times (-1) + (-1) \times 2 \end{bmatrix} = \begin{bmatrix} 8 & 3 \\ -7 & 0 \end{bmatrix}$$

同様に BA も計算してみよう. $\underline{B \text{ の型}}$ は $\boxed{2} \times \boxed{2}$, $\underline{A \text{ の型}}$ は $\boxed{2} \times \boxed{2}$ であるから, $\underline{B \text{ の列数}}$ と $\underline{A \text{ の行数}}$ が一致するので 積 BA も計算可能で, その型は $\boxed{2} \times \boxed{2}$ である. よって,

$$BA = \begin{bmatrix} 2 & -1 \\ 3 & 2 \end{bmatrix} \begin{bmatrix} 1 & 2 \\ -2 & -1 \end{bmatrix}$$

$$= \begin{bmatrix} 2 \times 1 + (-1) \times (-2) & 2 \times 2 + (-1) \times (-1) \\ 3 \times 1 + 2 \times (-2) & 3 \times 2 + 2 \times (-1) \end{bmatrix} = \begin{bmatrix} 4 & 5 \\ -1 & 4 \end{bmatrix}$$

(2) $A = \begin{bmatrix} 1 & 2 \\ 3 & 4 \\ 5 & 6 \end{bmatrix}$, $B = \begin{bmatrix} 1 & -1 \\ 0 & 1 \end{bmatrix}$ に対して, AB, BA を計算してみよう.

A の型は $\boxed{3} \times \boxed{2}$, B の型は $\boxed{2} \times \boxed{2}$ であるから, A の列数と B の行数 が一致するので積 AB は計算可能で, その型は $\boxed{3} \times \boxed{2}$ である. よって,

$$AB = \begin{bmatrix} 1 & 2 \\ 3 & 4 \\ 5 & 6 \end{bmatrix} \begin{bmatrix} 1 & -1 \\ 0 & 1 \end{bmatrix} = \begin{bmatrix} 1 \times 1 + 2 \times 0 & 1 \times (-1) + 2 \times 1 \\ 3 \times 1 + 4 \times 0 & 3 \times (-1) + 4 \times 1 \\ 5 \times 1 + 6 \times 0 & 5 \times (-1) + 6 \times 1 \end{bmatrix}$$

$$= \begin{bmatrix} 1 & 1 \\ 3 & 1 \\ 5 & 1 \end{bmatrix}$$

同様に BA も計算してみよう. $\underline{B \text{ の型}}$ は $2 \times \boxed{2}$, $\underline{A \text{ の型}}$ は $\boxed{3} \times 2$ であるから, $\underline{B \text{ の列数と } A \text{ の行数}}$ が異なるので 積 BA は 計算不能 である.

注意 この例からもわかるように, 一般には $AB \neq BA$ である[7].

---

[7] $AB = BA$ が成り立つこともある. このとき, A と B は 可換 であるという.

問題2.2　　次の行列から 2 つ選んで それらの積が定義できる組み合わせをすべて求め，その積を計算しなさい．

$$A = \begin{bmatrix} 3 & -1 \\ 1 & 2 \end{bmatrix}, \quad B = \begin{bmatrix} 1 & 4 \end{bmatrix}, \quad C = \begin{bmatrix} 1 \\ 2 \end{bmatrix}, \quad D = \begin{bmatrix} 2 & 0 & 1 \\ 0 & 1 & 3 \end{bmatrix}$$

[解答]　詳しい解説は演習書 p.20 を参照のこと．

$$AC = \begin{bmatrix} 1 \\ 5 \end{bmatrix}, \qquad AD = \begin{bmatrix} 6 & -1 & 0 \\ 2 & 2 & 7 \end{bmatrix}, \qquad BA = \begin{bmatrix} 7 & 7 \end{bmatrix}, \qquad BC = \begin{bmatrix} 9 \end{bmatrix}$$

$$BD = \begin{bmatrix} 2 & 4 & 13 \end{bmatrix}, \qquad CB = \begin{bmatrix} 1 & 4 \\ 2 & 8 \end{bmatrix}$$

2–3　積の性質

行列の積における性質を以下にまとめる．

行列の性質（その 4）

A, B, C を 行列，O を 零行列，E を 単位行列 とするとき，次が成り立つ．ただし，各等式は両辺の演算が計算可能なときにのみ成り立つとする．

(9)　$AO = O, \quad OA = O$

(10)　$AE = A, \quad EA = A$

(11)　$(AB)C = A(BC)$　　（これを ABC と表す）

(12)　$A(B + C) = AB + AC$

(13)　$(A + B)C = AC + BC$

(14)　一般に，$AB \neq BA$

(15)　$AB = O$ であっても，「$A = O$ または $B = O$」とは限らない．

⚡注意　特に，(14), (15) は 実数の積の性質とは異なるので 注意が必要である．

(9)〜(13) の性質が成り立つかどうかは, 各自の演習とする. 必要があれば, 以下の 2×2 行列

$$A = \begin{bmatrix} 1 & 2 \\ -2 & -1 \end{bmatrix}, \qquad B = \begin{bmatrix} 2 & -1 \\ 3 & 2 \end{bmatrix}, \qquad C = \begin{bmatrix} 1 & 1 \\ -1 & 0 \end{bmatrix}$$

と, 2×2 型の零行列 $O = \begin{bmatrix} 0 & 0 \\ 0 & 0 \end{bmatrix}$, 2×2 型の単位行列 $E = \begin{bmatrix} 1 & 0 \\ 0 & 1 \end{bmatrix}$ を用いるとよい.

(14) については, 例 2.2 より確認できる. (15) については, 例えば

$$\begin{bmatrix} 2 & -1 & 3 \\ -6 & 3 & -9 \\ 4 & -2 & 6 \end{bmatrix} \begin{bmatrix} 2 & 1 & 3 \\ 10 & 5 & 15 \\ 2 & 1 & 3 \end{bmatrix}$$

を計算してみよ.

例題 2.1 次の行列の計算をしなさい. 計算不能な場合は「計算不能」と答えること.

$$\begin{bmatrix} 2 & 1 \\ -1 & 3 \end{bmatrix} \begin{bmatrix} 2 & -2 \\ 1 & -2 \end{bmatrix} + \begin{bmatrix} 2 & 1 \\ -1 & 3 \end{bmatrix} \begin{bmatrix} -1 & 2 \\ -1 & 1 \end{bmatrix}$$

[解答] それぞれ行列の積を計算してから和を求めてもよいのだが, ここではそれぞれ左側にある行列が同じであることから, 行列の性質 (12) $A(B+C) = AB + AC$ を使って簡単に計算してみよう.

$$\begin{bmatrix} 2 & 1 \\ -1 & 3 \end{bmatrix} \begin{bmatrix} 2 & -2 \\ 1 & -2 \end{bmatrix} + \begin{bmatrix} 2 & 1 \\ -1 & 3 \end{bmatrix} \begin{bmatrix} -1 & 2 \\ -1 & 1 \end{bmatrix}$$

$$= \begin{bmatrix} 2 & 1 \\ -1 & 3 \end{bmatrix} \left\{ \begin{bmatrix} 2 & -2 \\ 1 & -2 \end{bmatrix} + \begin{bmatrix} -1 & 2 \\ -1 & 1 \end{bmatrix} \right\}$$

$$= \begin{bmatrix} 2 & 1 \\ -1 & 3 \end{bmatrix} \begin{bmatrix} 1 & 0 \\ 0 & -1 \end{bmatrix} = \begin{bmatrix} 2 & 1 \\ -1 & 3 \end{bmatrix} \begin{bmatrix} 1 & 0 \\ 0 & -1 \end{bmatrix}$$

$$= \begin{bmatrix} 2 \times 1 + 1 \times 0 & 2 \times 0 + 1 \times (-1) \\ (-1) \times 1 + 3 \times 0 & (-1) \times 0 + 3 \times (-1) \end{bmatrix} = \begin{bmatrix} 2 & -1 \\ -1 & -3 \end{bmatrix}$$

問題 2.3　次の行列の計算をしなさい. 計算不能な場合は「計算不能」と答えること.

(1) $\begin{bmatrix} 3 & 1 \end{bmatrix} \begin{bmatrix} 57 & 48 \\ 39 & 44 \end{bmatrix} - \begin{bmatrix} 3 & 1 \end{bmatrix} \begin{bmatrix} 56 & 49 \\ 39 & 43 \end{bmatrix}$

(2) $\begin{bmatrix} 4 & -2 \\ 3 & 3 \end{bmatrix} \begin{bmatrix} 2 & 1 \\ -2 & 3 \end{bmatrix} - \begin{bmatrix} 4 & -3 \\ 2 & 3 \end{bmatrix} \begin{bmatrix} 2 & 1 \\ -2 & 3 \end{bmatrix}$

[**解答**]　詳しい解説は 演習書 p.21 を参照のこと.

(1) $\begin{bmatrix} 3 & -2 \end{bmatrix}$　　(2) $\begin{bmatrix} -2 & 3 \\ 2 & 1 \end{bmatrix}$

章末問題 2

章末問題 2.1　次の行列の計算をしなさい. 計算不能な場合は「計算不能」と答えること.

(1) $\begin{bmatrix} 1 & 2 \\ 3 & 4 \end{bmatrix} \begin{bmatrix} 1 & 0 \\ 0 & 1 \end{bmatrix}$　　(2) $\begin{bmatrix} 1 & 0 \\ 0 & 1 \end{bmatrix} \begin{bmatrix} 1 & 2 \\ 3 & 4 \end{bmatrix}$　　(3) $\begin{bmatrix} 1 & 2 \\ 3 & 4 \end{bmatrix} \begin{bmatrix} 1 & 1 \\ 1 & 1 \end{bmatrix}$

(4) $\begin{bmatrix} 1 & 1 \\ 1 & 1 \end{bmatrix} \begin{bmatrix} 1 & 2 \\ 3 & 4 \end{bmatrix}$　　(5) $\begin{bmatrix} 1 & 2 \\ 3 & 4 \end{bmatrix} \begin{bmatrix} 1 & -1 \\ -1 & 1 \end{bmatrix}$

(6) $\begin{bmatrix} 1 & -1 \\ -1 & 1 \end{bmatrix} \begin{bmatrix} 1 & 2 \\ 3 & 4 \end{bmatrix}$　　(7) $\begin{bmatrix} 1 & 2 \\ 3 & 4 \end{bmatrix} \begin{bmatrix} 2 & -2 \\ -3 & -1 \end{bmatrix}$

(8) $\begin{bmatrix} 2 & -2 \\ -3 & -1 \end{bmatrix}\begin{bmatrix} 1 & 2 \\ 3 & 4 \end{bmatrix}$　　(9) $\begin{bmatrix} 3 & -6 \\ 1 & -2 \end{bmatrix}\begin{bmatrix} 3 & -6 \\ 1 & -2 \end{bmatrix}$

(10) $\begin{bmatrix} 1 & -1 \\ 1 & -1 \end{bmatrix}\begin{bmatrix} 1 & -1 \\ 1 & -1 \end{bmatrix}$　　(11) $\begin{bmatrix} 1 & 0 \\ 1 & 0 \end{bmatrix}\begin{bmatrix} 0 & 0 \\ 1 & 1 \end{bmatrix}$　　(12) $\begin{bmatrix} 0 & 0 \\ 1 & 1 \end{bmatrix}\begin{bmatrix} 1 & 0 \\ 1 & 0 \end{bmatrix}$

(13) $\begin{bmatrix} 1 & 2 \end{bmatrix}\begin{bmatrix} 2 & 1 \\ 1 & -2 \end{bmatrix}$　　(14) $\begin{bmatrix} 2 & 1 \\ 1 & -2 \end{bmatrix}\begin{bmatrix} 1 & 2 \end{bmatrix}$　　(15) $\begin{bmatrix} 2 \\ 1 \end{bmatrix}\begin{bmatrix} 1 & 2 \\ 2 & -1 \end{bmatrix}$

(16) $\begin{bmatrix} 1 & 2 \\ 2 & -1 \end{bmatrix}\begin{bmatrix} 2 \\ 1 \end{bmatrix}$　　(17) $\begin{bmatrix} 1 & 2 & 1 \\ 2 & -1 & 2 \end{bmatrix}\begin{bmatrix} 2 & 1 \\ 1 & -2 \end{bmatrix}$

(18) $\begin{bmatrix} 2 & 1 \\ 1 & -2 \end{bmatrix}\begin{bmatrix} 1 & 2 & 1 \\ 2 & -1 & 2 \end{bmatrix}$　　(19) $\begin{bmatrix} 1 & 2 \\ 2 & -1 \\ 1 & -2 \end{bmatrix}\begin{bmatrix} 2 & 1 \\ 1 & -2 \end{bmatrix}$

(20) $\begin{bmatrix} 2 & 1 \\ 1 & -2 \end{bmatrix}\begin{bmatrix} 1 & 2 \\ 2 & -1 \\ 1 & -2 \end{bmatrix}$　　(21) $\begin{bmatrix} 1 & 2 & 1 \\ 2 & -1 & 1 \\ 1 & 2 & 2 \end{bmatrix}\begin{bmatrix} 2 & 1 & 1 \\ 1 & -2 & 1 \\ -2 & 1 & -1 \end{bmatrix}$

(22) $\begin{bmatrix} 2 & 1 & 1 \\ 1 & -2 & 1 \\ -2 & 1 & -1 \end{bmatrix}\begin{bmatrix} 1 & 2 & 1 \\ 2 & -1 & 1 \\ 1 & 2 & 2 \end{bmatrix}$　　(23) $\begin{bmatrix} 1 & 2 & 3 & 4 \\ 2 & 3 & 4 & 1 \\ 3 & 4 & 1 & 2 \\ 4 & 1 & 2 & 3 \end{bmatrix}\begin{bmatrix} 0 & 0 & 0 & 1 \\ 0 & 0 & 1 & 0 \\ 0 & 1 & 0 & 0 \\ 1 & 0 & 0 & 0 \end{bmatrix}$

(24) $\begin{bmatrix} 1 & 2 & 3 & 4 \\ 2 & 3 & 4 & 1 \\ 3 & 4 & 1 & 2 \\ 4 & 1 & 2 & 3 \end{bmatrix}\begin{bmatrix} 1 & 0 & 0 & 0 \\ 0 & 0 & 1 & 0 \\ 0 & 1 & 0 & 0 \\ 0 & 0 & 0 & 1 \end{bmatrix}$

[解答]　(1) $\begin{bmatrix} 1 & 2 \\ 3 & 4 \end{bmatrix}$　(2) $\begin{bmatrix} 1 & 2 \\ 3 & 4 \end{bmatrix}$　(3) $\begin{bmatrix} 3 & 3 \\ 7 & 7 \end{bmatrix}$　(4) $\begin{bmatrix} 4 & 6 \\ 4 & 6 \end{bmatrix}$　(5) $\begin{bmatrix} -1 & 1 \\ -1 & 1 \end{bmatrix}$

(6) $\begin{bmatrix} -2 & -2 \\ 2 & 2 \end{bmatrix}$　(7) $\begin{bmatrix} -4 & -4 \\ -6 & -10 \end{bmatrix}$　(8) $\begin{bmatrix} -4 & -4 \\ -6 & -10 \end{bmatrix}$　(9) $\begin{bmatrix} 3 & -6 \\ 1 & -2 \end{bmatrix}$

(10) $\begin{bmatrix} 0 & 0 \\ 0 & 0 \end{bmatrix}$　(11) $\begin{bmatrix} 0 & 0 \\ 0 & 0 \end{bmatrix}$　(12) $\begin{bmatrix} 0 & 0 \\ 2 & 0 \end{bmatrix}$　(13) $\begin{bmatrix} 4 & -3 \end{bmatrix}$　(14) 計算不能

(15) 計算不能　(16) $\begin{bmatrix} 4 \\ 3 \end{bmatrix}$　(17) 計算不能　(18) $\begin{bmatrix} 4 & 3 & 4 \\ -3 & 4 & -3 \end{bmatrix}$

(19) $\begin{bmatrix} 4 & -3 \\ 3 & 4 \\ 0 & 5 \end{bmatrix}$　(20) 計算不能　(21) $\begin{bmatrix} 2 & -2 & 2 \\ 1 & 5 & 0 \\ 0 & -1 & 1 \end{bmatrix}$　(22) $\begin{bmatrix} 5 & 5 & 5 \\ -2 & 6 & 1 \\ -1 & -7 & -3 \end{bmatrix}$

(23) $\begin{bmatrix} 4 & 3 & 2 & 1 \\ 1 & 4 & 3 & 2 \\ 2 & 1 & 4 & 3 \\ 3 & 2 & 1 & 4 \end{bmatrix}$　(24) $\begin{bmatrix} 1 & 3 & 2 & 4 \\ 2 & 4 & 3 & 1 \\ 3 & 1 & 4 & 2 \\ 4 & 2 & 1 & 3 \end{bmatrix}$

章末問題 2.2　次の各問に答えなさい.

(1) $\begin{bmatrix} 2 & -1 & 1 \\ 1 & 0 & 3 \\ -1 & 1 & 2 \\ 2 & -2 & 1 \\ 3 & -1 & 0 \end{bmatrix} \begin{bmatrix} 1 & 0 & 2 & 1 \\ -1 & 1 & 0 & 2 \\ 2 & -1 & 1 & 1 \end{bmatrix}$　を計算しなさい. 計算不能な場合は

「計算不能」と答えること.

(2) 問題 1.1(1) において, さらに次の問題を考える. 4 商品の一皿の販売価格がそれぞれ, 赤身 120 円, 中トロ 200 円, サーモン 150 円, イカ 100 円であり, どの店でも同じ価格で販売しているとする. この販売価格の表を作り, 数だけを取り出した行列 B を求めなさい. さらに, この行列 B と, 問題 1.1(1) で求めた行列 A を用いて, 回転寿司各店の 4 商品合計の売上高を求めなさい.

(3) A, B を 2 次正方行列とする. このとき, $AB = O$ であるが, 「$A = O$ または $B = O$」 を満たさないような 行列 A, B の例を 1 つ挙げなさい.

ヒント　(1) 行列の積が計算可能であるか調べ, 計算可能ならば行列の積の定義に従って計算する.

(2) 2–2 節の本文と同様に行列 B を求め, どのような計算をすれば売上高が得られるのか考える.

(3) つまり, 2 つの零行列でない $A,\ B$ で $AB = O$ を満たすものを見つければよい.

また, 零行列とは, <u>すべて</u> の成分が 0 の行列であるから, 例えば $\begin{bmatrix} 1 & 0 \\ 0 & 0 \end{bmatrix}$ は零行列ではない.

[解答]　(1) $\begin{bmatrix} 5 & -2 & 5 & 1 \\ 7 & -3 & 5 & 4 \\ 2 & -1 & 0 & 3 \\ 6 & -3 & 5 & -1 \\ 4 & -1 & 6 & 1 \end{bmatrix}$

(2) $B = \begin{bmatrix} 120 \\ 200 \\ 150 \\ 100 \end{bmatrix},\quad \begin{bmatrix} \text{P の売上高} \\ \text{Q の売上高} \\ \text{R の売上高} \end{bmatrix} = \begin{bmatrix} 10270\,(\text{円}) \\ 15250\,(\text{円}) \\ 14770\,(\text{円}) \end{bmatrix}$

(3)　演習書 p.25 参照

第3章 連立1次方程式と行列

中学校で導入された連立1次方程式は，あらゆる応用においてかなり重要なツールである．この章ではそれと行列との関係について述べる．

3-1 連立1次方程式

次の問題を考えてみよう[1].

> あるタイヤ用品店では昨日4輪乗用車と2輪バイク，合計11台のタイヤ交換を行ったが，使用したタイヤは全部で32本であったという．バイクと乗用車の数はそれぞれ何台か．

小学校の算数だけでも解ける問題であるが，ここではそれを掘り下げて考えよう．

もしタイヤ交換を行ったのがすべて4輪乗用車だとするとタイヤの数の合計は $4 \times 11 = 44$ 本である．もしすべてが2輪バイクだったとすると $2 \times 11 = 22$ 本 となる．全部で使ったタイヤは32本なので，4輪乗用車も2輪バイクもどちらも1台以上10台以下であるということがわかる．

4輪乗用車が10台で2輪バイクが1台ならば使用したタイヤの合計は

$$4 \times 10 + 2 \times 1 = 42 \,(本)$$

となって，すべてが4輪乗用車である場合よりも2本少ないことがわかる．2輪バイクの数を増やして (= 4輪乗用車の数を減らして) 計算し，その状況を表にまとめると次のようになる．

---

[1] 昔から，縁起物とされる鶴と亀の足の本数について扱った「ツルカメ算」と呼ばれている問題である．

4 輪乗用車	2 輪バイク	タイヤの合計
11	0	44
10	1	42
9	2	40
8	3	38
7	4	36
6	5	34
5	6	32
4	7	30
3	8	28

よって 4 輪乗用車を 5 台, 2 輪バイクを 6 台 とすれば, 合わせて 11 台 で, タイヤの数の合計は

$$4 \times 5 + 2 \times 6 \ = 32 \, (本)$$

となって, 答えが得られる [2].

　この問題はこのようにして解くことができたが, 次の問題はどうだろうか.

　このタイヤ用品店では今日, 4 輪乗用車と 2 輪バイクの他に 1 輪車と 3 輪自転車も何台かタイヤ交換に来た. 全部で 11 台で, タイヤの本数はやはり 32 台だったのだが, その内訳はどうであったのだろうか.

先ほどと同じように表を書いて見ても, 話は複雑でわかりにくい.

　こうした未知の問題にあたったときには, いきなり解法を考えていくのではなく, その状況を数学の言葉を用いて表すことが役立つ [3].

　最初の問題を 数学の言葉 = 数式 で表してみよう. 求める 4 輪乗用車 の数を x, 2 輪バイク の数を y とすると, 合わせて 11 台 であるから

$$x + y \ = \ 11$$

---

[2] 検討を途中で止めているがそれでよいのだろうか. 他の組み合わせはないのだろうか.

[3] そこまで表すことができれば, あとは専門家や計算機の力を使うことも可能になる.

である. またタイヤの合計が 32 本であるから

$$4x + 2y = 32$$

が得られる. いま考えている問題は, これら 2 つの 1 次方程式 が <u>同時に成り立つ</u> ような x, y を求める問題であるとみることができるので,

$$\begin{cases} x + y = 11 \\ 4x + 2y = 32 \end{cases}$$

と表すことにする. このように, 複数の 1 次方程式を合わせたものを **連立 1 次 方程式** という.

　以下に, 一般の 連立 1 次方程式 について述べておこう.

　m, $n \in \mathbb{N}$, $m \geq 2$ とし, a_{11}, a_{12}, ..., a_{mn}, b_1, b_2, ..., b_m を定数と する. 一般に, 次のように n 個の未知数 x_1, x_2, ..., x_n からなる 1 次方程 式を m 個 合わせたものを **連立 1 次方程式** という.

$$\begin{cases} a_{11}x_1 + a_{12}x_2 + \cdots + a_{1n}x_n = b_1 \\ a_{21}x_1 + a_{22}x_2 + \cdots + a_{2n}x_n = b_2 \\ \qquad \cdots \\ a_{m1}x_1 + a_{m2}x_2 + \cdots + a_{mn}x_n = b_m \end{cases}$$

また, この連立 1 次方程式をすべて同時に満たす $(x_1, x_2, \ldots, x_n)$ の組を, そ の連立 1 次方程式の **解** といい, 解を求める操作のことを **連立 1 次方程式を解 く** という.

例 3.1

　次の問題を 連立 1 次方程式 で表してみよう. あるタイヤ用品店では今日, 2 輪バイクと 3 輪自転車, 4 輪乗用車, 合計 16 台のタイヤ交換を行ったが, 使用 したタイヤは全部で 51 本で, 4 輪乗用車の台数は 2 輪バイクと 3 輪自転車の台 数の合計に等しかったという.

　このときの 2 輪バイク数を x, 3 輪自転車の数を y, 4 輪乗用車の数を z とす ると, あわせて 16 台 であるから

$$x + y + z = 16$$

が得られる. また, 使用したタイヤの合計が 51 本 であるから

$$2x + 3y + 4z = 51$$

が得られる. さらに, 2 輪バイクと 3 輪自転車の合計数 と 4 輪乗用車の数が同じであるから

$$x + y = z$$

が得られる. すべての未知数を左辺に移項し, 項をアルファベットの順番どおりに換えて

$$x + y - z = 0$$

とし, これら 3 つの 1 次方程式を合わせると, 連立 1 次方程式

$$\begin{cases} x + y + z = 16 \\ 2x + 3y + 4z = 51 \\ x + y - z = 0 \end{cases}$$

が得られる [4].

問題 3.1　　次の各問題を 連立 1 次方程式 で表しなさい. ただし, 未知数はすべて左辺に移項し, 順序を整えて解答すること (表すだけでよく, 解を求める必要はない).

(1)　醤油ラーメン, 味噌ラーメン, の 2 種類を扱っているラーメン屋さんのある 1 日の様子を調べた. その日は合計で 64 食売れて, 利益は 8700 円だった. 醤油ラーメン, 味噌ラーメン を 1 食 売ったときの利益は, それぞれ 200 円, 100 円 であるという. この日, 醤油ラーメンと味噌ラーメンはそれぞれ何食売れたか?

---

[4] 数学というとすぐに解く方の話をしたがる読者も多いかもしれないが, このように日本語で書かれた文章を数式=数学の文章に「翻訳」することも重要なことである.

(2)　醤油ラーメン, 味噌ラーメン, 塩ラーメンの 3 種類を扱っているラーメン屋さんのある 1 日の様子を調べた. その日は合計で 87 食売れて, 利益は 12450 円だった. 醤油ラーメン, 味噌ラーメン, 塩ラーメンを 1 食売ったときの利益はそれぞれ 200 円, 100 円, 150 円であり, この日, 醤油ラーメンは塩ラーメンのちょうど 2 倍売れのだという. この日, 醤油ラーメン, 味噌ラーメン, 塩ラーメンはそれぞれ何食売れたか?

[**解答**]　詳しい解説は演習書 p.27〜28 を参照のこと.

$$(1)\quad \begin{cases} x + y = 64 \\ 200x + 100y = 8700 \end{cases} \qquad (2)\quad \begin{cases} x + y + z = 87 \\ 200x + 100y + 150z = 12450 \\ x - 2z = 0 \end{cases}$$

　前の章までで導入した「行列」は「表」を数値のみに着目したものであったが, この連立 1 次方程式 とは深い関係がある. さらにその理論を考えることで, 本書の目指す「線形数学」への道が拓かれる.

3–2　連立 1 次方程式の行列表現

　次の行列の積の計算をみてみよう.

$$\begin{bmatrix} 1 & 1 & 1 \\ 2 & 3 & 4 \\ 1 & 1 & -1 \end{bmatrix} \begin{bmatrix} x \\ y \\ z \end{bmatrix} = \begin{bmatrix} x + y + z \\ 2x + 3y + 4z \\ x + y - z \end{bmatrix}$$

右辺の列ベクトルの各成分は, 例 3.1 に現れた連立方程式の左辺である. このことを用いれば, 連立方程式を行列を使って表現することができる.

$$\begin{cases} x + y + z = 16 \\ 2x + 3y + 4z = 51 \\ x + y - z = 0 \end{cases} \iff \begin{bmatrix} 1 & 1 & 1 \\ 2 & 3 & 4 \\ 1 & 1 & -1 \end{bmatrix} \begin{bmatrix} x \\ y \\ z \end{bmatrix} = \begin{bmatrix} 16 \\ 51 \\ 0 \end{bmatrix}$$

　特に, この連立 1 次方程式の 係数 に注目すると

$$\begin{cases} \boxed{1}\,x + \boxed{1}\,y + \boxed{1}\,z = 16 \\ \boxed{2}\,x + \boxed{3}\,y + \boxed{4}\,z = 51 \\ \boxed{1}\,x + \boxed{1}\,y + \boxed{-1}\,z = 0 \end{cases}$$

である．この係数を 並びを変えずに取り出した行列 $\begin{bmatrix} 1 & 1 & 1 \\ 2 & 3 & 4 \\ 1 & 1 & -1 \end{bmatrix}$ をこの連立

1 次方程式の 係数行列，また，連立 1 次方程式の右辺を表す列ベクトル $\begin{bmatrix} 16 \\ 51 \\ 0 \end{bmatrix}$

を 定数項ベクトル という．

　この 係数行列 と 定数項ベクトル を合わせた行列

$$\left[\begin{array}{ccc|c} 1 & 1 & 1 & 16 \\ 2 & 3 & 4 & 51 \\ 1 & 1 & -1 & 0 \end{array}\right]$$

を 拡大係数行列 という[5]．一般に次のことがいえる．

連立 1 次方程式の行列表現

　一般に，$\boxed{n}$ 個の未知数 $x_1,\ x_2,\ \cdots,\ x_n$ と，$\boxed{m}$ 個の 1 次方程式からなる連立 1 次方程式

$$\begin{cases} a_{11}x_1 + a_{12}x_2 + \cdots + a_{1n}x_n = b_1 \\ a_{21}x_1 + a_{22}x_2 + \cdots + a_{2n}x_n = b_2 \\ \qquad\qquad \cdots \\ a_{m1}x_1 + a_{m2}x_2 + \cdots + a_{mn}x_n = b_m \end{cases}$$

に対して

---

[5] 行列の中には縦横の線やカンマなどは書かないのが通例であるが，ここでは定数項ベクトルの部分を強調し，構造をわかりやすくするためにこのような表記を用いる．

$$A = \begin{bmatrix} a_{11} & a_{12} & \cdots & a_{1n} \\ a_{21} & a_{22} & \cdots & a_{2n} \\ & \cdots & \\ a_{m1} & a_{m2} & \cdots & a_{mn} \end{bmatrix}, \quad X = \begin{bmatrix} x_1 \\ x_2 \\ \vdots \\ x_n \end{bmatrix}, \quad B = \begin{bmatrix} b_1 \\ b_2 \\ \vdots \\ b_m \end{bmatrix}$$

とおくと, この連立 1 次方程式は

$$AX = B$$

と表せる [6]. このとき, $\boxed{m}$ × $\boxed{n}$ 行列 A を 係数行列, $\boxed{n}$ 次元 列ベクトル X を 未知数ベクトル, $\boxed{m}$ 次元 列ベクトル B を 定数項ベクトル という. また, 係数行列 A と, 定数項ベクトル B を合わせた行列

$$\begin{bmatrix} A & | & B \end{bmatrix} = \begin{bmatrix} a_{11} & a_{12} & \cdots & a_{1n} & b_1 \\ a_{21} & a_{22} & \cdots & a_{2n} & b_2 \\ & \cdots & \\ a_{m1} & a_{m2} & \cdots & a_{mn} & b_m \end{bmatrix}$$

を 拡大係数行列 という. このとき, 拡大係数行列は $\boxed{m}$ × ($\boxed{n}$ + 1) 行列 となる.

例 3.2

(1)　連立 1 次方程式 $\begin{cases} 2x + 3y = 8 \\ x + 2y = 5 \end{cases}$ の行列表現 と 拡大係数行列 は,

$$\begin{bmatrix} 2 & 3 \\ 1 & 2 \end{bmatrix} \begin{bmatrix} x \\ y \end{bmatrix} = \begin{bmatrix} 8 \\ 5 \end{bmatrix}, \begin{bmatrix} 2 & 3 & | & 8 \\ 1 & 2 & | & 5 \end{bmatrix}$$

である.

---

[6] 実際に, $AX = B$ を計算してみるとよい.

(2)　連立 1 次方程式
$$
\begin{cases}
x + y + z + u + v = 1 \\
x - z - 2v = 1 \\
y + z + v = -2 \\
2x + y - z + u - 3v = 1
\end{cases}
$$

の行列表現 と 拡大係数行列 は,

$$
\begin{bmatrix}
1 & 1 & 1 & 1 & 1 \\
1 & 0 & -1 & 0 & -2 \\
0 & 1 & 1 & 0 & 1 \\
2 & 1 & -1 & 1 & -3
\end{bmatrix}
\begin{bmatrix}
x \\ y \\ z \\ u \\ v
\end{bmatrix}
=
\begin{bmatrix}
1 \\ 1 \\ -2 \\ 1
\end{bmatrix},
\quad
\left[
\begin{array}{ccccc|c}
1 & 1 & 1 & 1 & 1 & 1 \\
1 & 0 & -1 & 0 & -2 & 1 \\
0 & 1 & 1 & 0 & 1 & -2 \\
2 & 1 & -1 & 1 & -3 & 1
\end{array}
\right]
$$

である.

問題 3.2　次の連立 1 次方程式を行列で表し, さらに拡大係数行列を求めなさい.

(1)　$\begin{cases} 3x + 2y = 7 \\ x - y = 1 \end{cases}$　　　　　(2)　$\begin{cases} x - y + z = -1 \\ 2x - y - z = 2 \\ x + 2z = -1 \end{cases}$

(3)　$\begin{cases} x + y + z + w = -1 \\ 2x + y - 2w = 2 \\ 3x + y - z = 0 \\ x - 2y - 4z + 3w = -2 \end{cases}$　　　　(4)　$\begin{cases} 2x + 3y - z = 3 \\ x + y + 2z = 4 \end{cases}$

[解答]　(1)　$\begin{bmatrix} 3 & 2 \\ 1 & -1 \end{bmatrix} \begin{bmatrix} x \\ y \end{bmatrix} = \begin{bmatrix} 7 \\ 1 \end{bmatrix},$　　$\left[\begin{array}{cc|c} 3 & 2 & 7 \\ 1 & -1 & 1 \end{array}\right]$

(2) $\begin{bmatrix} 1 & -1 & 1 \\ 2 & -1 & -1 \\ 1 & 0 & 2 \end{bmatrix} \begin{bmatrix} x \\ y \\ z \end{bmatrix} = \begin{bmatrix} -1 \\ 2 \\ -1 \end{bmatrix}$, $\left[\begin{array}{ccc|c} 1 & -1 & 1 & -1 \\ 2 & -1 & -1 & 2 \\ 1 & 0 & 2 & -1 \end{array} \right]$

(3) $\begin{bmatrix} 1 & 1 & 1 & 1 \\ 2 & 1 & 0 & -2 \\ 3 & 1 & -1 & 0 \\ 1 & -2 & -4 & 3 \end{bmatrix} \begin{bmatrix} x \\ y \\ z \\ w \end{bmatrix} = \begin{bmatrix} -1 \\ 2 \\ 0 \\ -2 \end{bmatrix}$, $\left[\begin{array}{cccc|c} 1 & 1 & 1 & 1 & -1 \\ 2 & 1 & 0 & -2 & 2 \\ 3 & 1 & -1 & 0 & 0 \\ 1 & -2 & -4 & 3 & -2 \end{array} \right]$

(4) $\begin{bmatrix} 2 & 3 & -1 \\ 1 & 1 & 2 \end{bmatrix} \begin{bmatrix} x \\ y \\ z \end{bmatrix} = \begin{bmatrix} 3 \\ 4 \end{bmatrix}$, $\left[\begin{array}{ccc|c} 2 & 3 & -1 & 3 \\ 1 & 1 & 2 & 4 \end{array} \right]$

章末問題3

章末問題 3.1　次の連立1次方程式を行列で表し，さらに拡大係数行列を求めなさい．

(1) $\begin{cases} x + y = 2 \\ 2x + 3y = 5 \end{cases}$　　　　(2) $\begin{cases} x + y = 2 \\ 2x + 2y = 4 \end{cases}$

(3) $\begin{cases} x + y = 2 \\ 2x + 2y = 5 \end{cases}$　　　　(4) $\begin{cases} 5x + 7y = -2 \\ 3x - 5y = 8 \end{cases}$

(5) $\begin{cases} 8x + 3y = 11 \\ -3x + 4y = -1 \end{cases}$　　　　(6) $\begin{cases} 3x + 5y - 2z = 0 \\ x + 3y - z = -2 \\ -3x - 6y + 2z = 1 \end{cases}$

(7) $\begin{cases} x - y + z = 2 \\ x + y - z = 0 \\ -x + y + z = 4 \end{cases}$　　　　(8) $\begin{cases} x - y + z = 2 \\ -x + y - 2z = -5 \\ x - 2y + z = 0 \end{cases}$

(9) $\begin{cases} 2x - y = 11 \\ x + 5z = 6 \\ 5y - 16z = -17 \end{cases}$ (10) $\begin{cases} y - 5z = 4 \\ 3x - 4z = 3 \\ 4x + 3y = 1 \end{cases}$

(11) $\begin{cases} 2x - y + 8z = -1 \\ -3x + 5y - 2z = 6 \end{cases}$ (12) $\begin{cases} x - y = 2 \\ y + z = 3 \end{cases}$

[解答]　(1) $\begin{bmatrix} 1 & 1 \\ 2 & 3 \end{bmatrix} \begin{bmatrix} x \\ y \end{bmatrix} = \begin{bmatrix} 2 \\ 5 \end{bmatrix},$ $\left[\begin{array}{cc|c} 1 & 1 & 2 \\ 2 & 3 & 5 \end{array}\right]$

(2) $\begin{bmatrix} 1 & 1 \\ 2 & 2 \end{bmatrix} \begin{bmatrix} x \\ y \end{bmatrix} = \begin{bmatrix} 2 \\ 4 \end{bmatrix},$ $\left[\begin{array}{cc|c} 1 & 1 & 2 \\ 2 & 2 & 4 \end{array}\right]$

(3) $\begin{bmatrix} 1 & 1 \\ 2 & 2 \end{bmatrix} \begin{bmatrix} x \\ y \end{bmatrix} = \begin{bmatrix} 2 \\ 5 \end{bmatrix},$ $\left[\begin{array}{cc|c} 1 & 1 & 2 \\ 2 & 2 & 5 \end{array}\right]$

(4) $\begin{bmatrix} 5 & 7 \\ 3 & -5 \end{bmatrix} \begin{bmatrix} x \\ y \end{bmatrix} = \begin{bmatrix} -2 \\ 8 \end{bmatrix},$ $\left[\begin{array}{cc|c} 5 & 7 & -2 \\ 3 & -5 & 8 \end{array}\right]$

(5) $\begin{bmatrix} 8 & 3 \\ -3 & 4 \end{bmatrix} \begin{bmatrix} x \\ y \end{bmatrix} = \begin{bmatrix} 11 \\ -1 \end{bmatrix},$ $\left[\begin{array}{cc|c} 8 & 3 & 11 \\ -3 & 4 & -1 \end{array}\right]$

(6) $\begin{bmatrix} 3 & 5 & -2 \\ 1 & 3 & -1 \\ -3 & -6 & 2 \end{bmatrix} \begin{bmatrix} x \\ y \\ z \end{bmatrix} = \begin{bmatrix} 0 \\ -2 \\ 1 \end{bmatrix},$ $\left[\begin{array}{ccc|c} 3 & 5 & -2 & 0 \\ 1 & 3 & -1 & -2 \\ -3 & -6 & 2 & 1 \end{array}\right]$

(7) $\begin{bmatrix} 1 & -1 & 1 \\ 1 & 1 & -1 \\ -1 & 1 & 1 \end{bmatrix} \begin{bmatrix} x \\ y \\ z \end{bmatrix} = \begin{bmatrix} 2 \\ 0 \\ 4 \end{bmatrix},$ $\left[\begin{array}{ccc|c} 1 & -1 & 1 & 2 \\ 1 & 1 & -1 & 0 \\ -1 & 1 & 1 & 4 \end{array}\right]$

(8) $\begin{bmatrix} 1 & -1 & 1 \\ -1 & 1 & -2 \\ 1 & -2 & 1 \end{bmatrix} \begin{bmatrix} x \\ y \\ z \end{bmatrix} = \begin{bmatrix} 2 \\ -5 \\ 0 \end{bmatrix},$ $\left[\begin{array}{ccc|c} 1 & -1 & 1 & 2 \\ -1 & 1 & -2 & -5 \\ 1 & -2 & 1 & 0 \end{array}\right]$

(9) $\begin{bmatrix} 2 & -1 & 0 \\ 1 & 0 & 5 \\ 0 & 5 & -16 \end{bmatrix} \begin{bmatrix} x \\ y \\ z \end{bmatrix} = \begin{bmatrix} 11 \\ 6 \\ -17 \end{bmatrix}$, $\left[\begin{array}{ccc|c} 2 & -1 & 0 & 11 \\ 1 & 0 & 5 & 6 \\ 0 & 5 & -16 & -17 \end{array}\right]$

(10) $\begin{bmatrix} 0 & 1 & -5 \\ 3 & 0 & -4 \\ 4 & 3 & 0 \end{bmatrix} \begin{bmatrix} x \\ y \\ z \end{bmatrix} = \begin{bmatrix} 4 \\ 3 \\ 1 \end{bmatrix}$, $\left[\begin{array}{ccc|c} 0 & 1 & -5 & 4 \\ 3 & 0 & -4 & 3 \\ 4 & 3 & 0 & 1 \end{array}\right]$

(11) $\begin{bmatrix} 2 & -1 & 8 \\ -3 & 5 & -2 \end{bmatrix} \begin{bmatrix} x \\ y \\ z \end{bmatrix} = \begin{bmatrix} -1 \\ 6 \end{bmatrix}$, $\left[\begin{array}{ccc|c} 2 & -1 & 8 & -1 \\ -3 & 5 & -2 & 6 \end{array}\right]$

(12) $\begin{bmatrix} 1 & -1 & 0 \\ 0 & 1 & 1 \end{bmatrix} \begin{bmatrix} x \\ y \\ z \end{bmatrix} = \begin{bmatrix} 2 \\ 3 \end{bmatrix}$, $\left[\begin{array}{ccc|c} 1 & -1 & 0 & 2 \\ 0 & 1 & 1 & 3 \end{array}\right]$

章末問題 3.2   連立 1 次方程式 $\begin{cases} x - y + z = 2 \\ y - z + x = 0 \\ z - x + y = 4 \end{cases}$ を行列で表し，さらに拡

大係数行列を求めなさい.

[**解答**]   詳しい解説は 演習書 p.32 を参照のこと.

$$\begin{bmatrix} 1 & -1 & 1 \\ 1 & 1 & -1 \\ -1 & 1 & 1 \end{bmatrix} \begin{bmatrix} x \\ y \\ z \end{bmatrix} = \begin{bmatrix} 2 \\ 0 \\ 4 \end{bmatrix}, \qquad \left[\begin{array}{ccc|c} 1 & -1 & 1 & 2 \\ 1 & 1 & -1 & 0 \\ -1 & 1 & 1 & 4 \end{array}\right]$$

第4章　基本変形

この章では初めに 連立 1 次方程式の解き方について復習する. 未知数が 1 つの 1 次方程式は解けるが, 2 つ以上の未知数がある場合にはそのままでは解けない. 複数の方程式が同時に成り立つ【連立方程式】では, それらを使って未知数の個数を減らすことを考える. そのために用いられる加減法について復習する[1]. 次いで, 連立 1 次方程式の解について考察する. 最後に連立 1 次方程式の行列表現において, 加減法がどのように現れるかについて考察する.

4–1　連立 1 次方程式の基本変形

まず, 次の連立 1 次方程式を 加減法により解いてみよう.

$$\begin{cases} 3x + 5y = 34 \\ x + y = 8 \end{cases}$$

x と y の係数に着目し, どちらの未知数を消すか考えよう. このあとの計算をみればわかるが, 係数が 1 の未知数があると 消去するのに都合がよい. この場合, x も y も 第 2 式の係数が 1 であるから どちらを先に消去してもよいが, ここでは 未知数 x, y の並び順に従って x を先に消去することにしよう[2].

では, x を消去するには どのようにすればよいか? まず最初に, 連立 1 次方程式の x の係数を調べると第 2 式の x の係数が 1 であるから, 第 1 式と第 2 式を入れ替えておく.

---

[1] 文字を消去して個数を減らす方法としては本書で扱う方法のほかに「代入法」がある. こちらの方が計算が楽になるケースも多いが, 本書では最適化問題の解法につながる「加減法」のみを扱う.

[2] x を y より先に消去する方が, 後ほど学習する行列の基本変形の操作手順が容易に理解できる.

$$\begin{cases} 3x + 5y = 34 \\ x + y = 8 \end{cases} \implies \begin{cases} x + y = 8 \\ 3x + 5y = 34 \end{cases}$$

このとき, 第 2 式の x の係数は第 1 式の x の係数の 3 倍であるから, 第 1 式を -3 倍して, 第 2 式と 両辺をそれぞれ加えれば x が消去できることがわかる[3]. この計算を実行すると

$$\begin{array}{rcr} 3x + 5y &=& 34 \\ +) \quad -3x - 3y &=& -24 \\ \hline 2y &=& 10 \end{array}$$

である.

　すなわち, 第 2 式に「加減法」の操作を加えて新しくできたのがこの式であるから

$$\begin{cases} x + y = 8 \\ 3x + 5y = 34 \end{cases} \implies \begin{cases} x + y = 8 \\ 2y = 10 \end{cases}$$

となった. これで, 第 2 式から x が消去できた. ここで, 第 2 式 の両辺を 2 で割ると, y の値が求められる.

$$\begin{cases} x + y = 8 \\ 2y = 10 \end{cases} \implies \begin{cases} x + y = 8 \\ y = 5 \end{cases}$$

　次に, 第 2 式を -1 倍して, 第 1 式 の両辺にそれぞれ加えると [4]

$$\begin{array}{rcr} x + y &=& 8 \\ +) \quad -y &=& -5 \\ \hline x &=& 3 \end{array}$$

であるから, すなわち 第 1 式 が次のように変形されたのである.

---

[3] -3 倍を「加える」, 言い方を変えると第 1 式を 3 倍して第 2 式から「引く」操作であることからこの方法を 加減法 という.

[4] 第 2 式で得られた y の値を第 1 式の y に代入すれば, x の値が求められる. この方法が代入法である. その方が簡単に x の値を求められるが, ここではその方法を採らない.

$$\begin{cases} x + y = 8 \\ y = 5 \end{cases} \implies \begin{cases} x = 3 \\ y = 5 \end{cases}$$

これで連立 1 次方程式は解けたことになる.

ここで, いま行った変形を抜き出してみよう.

- 第 1 式と第 2 式を入れ替える
- 第 1 式を -3 倍して, 第 2 式の両辺にそれぞれ加える
- 第 2 式 の両辺を 2 で割る (つまり, 第 2 式の両辺に $\dfrac{1}{2}$ を掛ける)
- 第 2 式を -1 倍して, 第 1 式 の両辺にそれぞれ加える

これは, さらに次の 3 つの変形にまとめることができる.

(A1)　1 つの 方程式 に 0 以外の実数を掛ける
(A2)　2 つの 方程式 を入れ替える
(A3)　1 つの 方程式 に, 他の 方程式 の実数倍を加える

一般に, 連立 1 次方程式は (A1) 〜 (A3) の変形のみで 解くことができる. この 3 つの変形を 連立 1 次方程式の基本変形 という.

さて, ここで少し立ち止まって考えよう. ここで紹介した「解法」は

$$\begin{cases} 3x + 5y = 34 \\ x + y = \ 8 \end{cases} \implies \begin{cases} x = 3 \\ y = 5 \end{cases}$$

という変形である. ここで, 出発点である連立方程式と最後の連立方程式は別のものであるということに注意したい. 少なくとも見ただけでは同じであるとは断言できないであろう. そこで改めて「方程式の解とは何か?」について考えてみる. それはもとの方程式の未知数のところに代入したら, うまくそれらの方程式が成立するということである. このケースでは「うまく」とは「2 つの方程式が両方同時に」である. 実際にそれを確かめてみよう. すなわち

$$\begin{cases} x = 3 \\ y = 5 \end{cases} \text{であるならば} \quad \begin{cases} 3x + 5y = 34 \\ x + y = \ 8 \end{cases} \text{であるか?}$$

を確かめる. まず, 第 1 式に得られた結果を代入すると

$$3 \times \boxed{3} + 5 \times \boxed{5} = 34$$

であるから, 成り立っている. また, 第 2 式に得られた結果を代入すると

$$\boxed{3} + \boxed{5} = 8$$

であるから, こちらも成り立っていることがわかり[5), この結果が最初の連立方程式の解であることがわかる.

これらのことを総合すると,

$$\begin{cases} 3x + 5y = 34 \\ x + y = 8 \end{cases} \quad \text{であることと} \quad \begin{cases} x = 3 \\ y = 5 \end{cases} \quad \text{であることは } \textbf{同じである}$$

といえることになる[6). そこで

$$\begin{cases} 3x + 5y = 34 \\ x + y = 8 \end{cases} \quad \Longleftrightarrow \quad \begin{cases} x = 3 \\ y = 5 \end{cases}$$

と表すことにする. このことから与えられた連立方程式が成り立つような他の数の組はない こともわかる.

例題 4.1

　連立 1 次方程式 $\begin{cases} 3x + 5y = 37 \\ x + 2y = 14 \end{cases}$ を, 連立 1 次方程式の基本変形 により解きなさい.

[解答]　上記の (A1)～(A3) の変形だけを使い, 最終目標である $\begin{cases} x = \bullet \\ y = \blacktriangle \end{cases}$
に向けて次のように解く. なお, 以下の変形において, ①, ② は, それぞれ

---

5) この作業は「検算」と呼ばれる. これまでも検算について習ったことがあるだろう. その必要性を感じることはなかなか難しいが, これが数学的な厳密性において非常に重要であり, 次節以降で必要となる.

6) 数学・論理の用語では「同値である」というが, この用語は違った意味になりかねないので本書では用いない.

1つ前の 連立 1 次方程式 の 第 1 式, 第 2 式 を表す ことにする.

$$\begin{cases} 3x + 5y = 37 \\ x + 2y = 14 \end{cases}$$
$$\xrightarrow[\text{①}\leftrightarrow\text{②}]{\text{(A2)}}$$
$$\begin{cases} x + 2y = 14 \\ 3x + 5y = 37 \end{cases}$$

$$\xrightarrow[\text{②}+\text{①}\times(-3)]{\text{(A3)}}$$
$$\begin{cases} x + 2y = 14 \\ -y = -5 \end{cases}$$

$$\xrightarrow[\text{②}\times(-1)]{\text{(A1)}}$$
$$\begin{cases} x + 2y = 14 \\ y = 5 \end{cases}$$

$$\xrightarrow[\text{①}+\text{②}]{\text{(A3)}}$$
$$\begin{cases} x = 4 \\ y = 5 \end{cases}$$

これをもとの方程式の左辺にに代入すると, $\begin{cases} 3 \times 4 + 5 \times 5 = 37 \\ 3 + 2 \times 5 = 14 \end{cases}$ が成り立つ. よって求める解は $\begin{cases} x = 4 \\ y = 5 \end{cases}$ である.

point まず, 係数が 1 である未知数を見つけてその方程式を固定し, その他の方程式の 同じ未知数が消えるように (A3) を使って変形する. このとき, 上から順に, 未知数も順番に並ぶよう (A2) を使って方程式を入れ替えておくとよい. また, 未知数が 1 つになっても 係数が 1 でないときは, (A1) を使って両辺に適当な実数を掛ければ, 係数を 1 にできる. もし, 係数が 1 である未知数がないときは, (A3) の変形を何度か繰り返して 係数が 1 となるように変形しておく. このテクニックについては, 例題 4.3, 例題 4.4 で解説する [7].

---

[7] 最初に第 1 式に (A1) を使って x の係数を 1 にすることもできるのだが, 多くのケースで分数が出てきてしまう. 75 ページで具体的に解説しているが, 分数を含む基本変形は計算ミスをしやすいので, 本書ではできる限り分数が出てこないような手順に誘導している. ただし 数学的には分数を用いても問題はない.

問題 4.1 次の連立 1 次方程式を, 連立 1 次方程式の基本変形 により解きなさい.

$$
(1) \begin{cases} x + 2y = 10 \\ 3x + 5y = 27 \end{cases} \qquad (2) \begin{cases} x + 3y = 5 \\ 2x + 7y = 11 \end{cases}
$$

$$
(3) \begin{cases} 2x + 3y = 1 \\ x + 5y = 4 \end{cases} \qquad (4) \begin{cases} 3x + y = 8 \\ 2x + 3y = 3 \end{cases}
$$

ヒント (1), (2), (3) は x を先に消去し, (4) は y を先に消去する.

[解答] 詳しい解説は演習書 p.34〜35 を参照のこと.

$$
(1) \begin{cases} x = 4 \\ y = 3 \end{cases} \qquad (2) \begin{cases} x = 2 \\ y = 1 \end{cases} \qquad (3) \begin{cases} x = -1 \\ y = 1 \end{cases} \qquad (4) \begin{cases} x = 3 \\ y = -1 \end{cases}
$$

4−2 連立 1 次方程式の解

次の 3 つの連立 1 次方程式について, それぞれの解がどのようになるか考えてみよう.

$$
(1) \begin{cases} x + 3y = 5 \\ 2x + 7y = 11 \end{cases} \qquad (2) \begin{cases} x + 3y = 5 \\ 2x + 6y = 10 \end{cases} \qquad (3) \begin{cases} x + 3y = 5 \\ 2x + 6y = 11 \end{cases}
$$

まず, (1) については,

$$
\begin{cases} x + 3y = 5 \\ 2x + 7y = 11 \end{cases} \overset{\text{(A3)}}{\Longrightarrow} \begin{cases} x + 3y = 5 \\ y = 1 \quad ②+①×(-2) \end{cases}
$$

$$
\overset{\text{(A3)}}{\Longrightarrow} \begin{cases} x = 2 \quad\quad ①+②×(-3) \\ y = 1 \end{cases}
$$

となり, 検算も成り立つので (1) の解は $\begin{cases} x = 2 \\ y = 1 \end{cases}$ である. 前節でみたように,

他には解はない. すなわち <u>(1) を満たす解は ただ 1 組しか存在しない</u>.

次に (2) を解いてみよう.

$$\begin{cases} x + 3y = 5 \\ 2x + 6y = 10 \end{cases} \quad \overset{②+①×(-2)}{\Longrightarrow} \quad \begin{cases} x + 3y = 5 \\ 0 = 0 \end{cases}$$

すると変形の途中で $0 = 0$ が現れる. これは数学としては間違いではない等式であるが, 意味をもたない.

よく見ると, この連立 1 次方程式の第 2 式は第 1 式の両辺を 2 倍したものである. 逆に第 2 式を $\frac{1}{2}$ 倍すれば第 1 式になる. すなわち

$$\begin{cases} x + 3y = 5 \\ 2x + 6y = 10 \end{cases} \quad \overset{(A3)}{\Longleftrightarrow} \quad x + 3y = 5$$

言い換えれば, 一見 2 つの方程式の連立であるが, 実は 1 つの方程式 $x + 3y = 5$ のみを考えるのと同じであるといえる.

この方程式を満たす解を考えると

$$\begin{cases} x = 2 \\ y = 1 \end{cases}, \quad \begin{cases} x = -1 \\ y = 2 \end{cases}, \quad \begin{cases} x = 5 \\ y = 0 \end{cases}, \quad \begin{cases} x = 3 \\ y = \dfrac{2}{3} \end{cases}, \quad \begin{cases} x = 5 - 3\sqrt{2} \\ y = \sqrt{2} \end{cases}, \cdots$$

のように複数存在する. 実際, この方程式の解はすべて, $c \in \mathbb{R}$ を定数として

$$\begin{cases} x = 5 - 3c \\ y = c \end{cases}$$

と表すことができる[8].

c は実数で無数に存在するから, <u>(2) を満たす 解は無数に存在する</u> といえる.

---

[8] $c = 0, 1, 2$ などとおいてみよ.

最後に, (3) を解いてみよう.

$$\begin{cases} x + 3y = 5 \\ 2x + 6y = 11 \end{cases} \quad \xrightarrow[\substack{\text{(A3)} \\ ②+①×(-2)}]{} \quad \begin{cases} x + 3y = 5 \\ 0 = 1 \end{cases}$$

すると, 変形の途中で $0 = 1$ が現れる. これは, 数学として絶対に起こり得ない状況である. つまり, x, y がどんな実数であったとしても 最初の 2 つの方程式が同時に成り立つことはないということになる. すなわち, (3) を満たす 解は存在しない.

　以上のように, 連立 1 次方程式の解は 次の 3 つに分類することができる.

(1) ただ 1 組存在する

(2) 無数に存在する

(3) 存在しない

2 つの方程式からなる連立 1 次方程式では, 連立 1 次方程式の基本変形を用いればそれほど苦もなく解の分類ができるが, 3 つ以上になったらどうだろうか. 実際には解かなくても分類可能なのだが, それを理解するためには行列を用いて深く検討することが大きな意味をもつ.

> 連立 1 次方程式は 解がただ 1 組だけ存在するとは限らず,
>
> 解が無数に存在することもあるし, 解が存在しないこともある.

問題 4.2　次の連立 1 次方程式の解はそれぞれ「ただ 1 組存在する」, 「無数に存在する」, 「存在しない」のどれに当てはまるか.

$$(1) \begin{cases} x - y = 2 \\ -3x + 3y = -6 \end{cases} \quad (2) \begin{cases} x - y = 2 \\ -3x + 3y = 6 \end{cases} \quad (3) \begin{cases} x - y = 2 \\ -3x + 4y = -6 \end{cases}$$

[解答]　詳しい解説は演習書 p.36 を参照のこと.

(1) 無数に存在する　　(2) 存在しない　　(3) ただ 1 組存在する

> **問題 4.3** $a, b, c, d \in \mathbb{R}$, $u, v \in \mathbb{R}$ とする. 未知数 x, y の連立 1 次方程式
>
> $$\begin{cases} ax + by = u \cdots \text{①} \\ cx + dy = v \cdots \text{②} \end{cases}$$ の解はどのようになるか調べよ.

[**解答**] かなり丁寧な場合分けが必要となる.

Case 0. $a = c = 0$, $b = d = 0$, $a = d = 0$, $b = c = 0$ のとき

これらの場合には, 未知数が 1 つだけの方程式が 2 本与えられていることになる. 方程式に現れない未知数の値は自由に決めてよい (解が無数に存在する) ことになる. 現れる未知数については, それらが両方同時に成り立つかを具体的に計算してみる必要がある. 解が存在することもしないこともある.

Case 1. $a = b = 0$, $c = d = 0$ のとき

これらの場合には, この連立方程式のうち 1 つの左辺が 0 になってしまう. このとき, u, v の値によって解が無数に存在したり, 解が存在しなかったりする.

上記 2 つのケースを除外して考えることにする. このとき,

$$\text{②} \times a - \text{①} \times c \qquad \text{②} \times b - \text{①} \times d$$

という 2 通りの基本変形を計算してみると

Case 2. $ad - bc \neq 0$ のとき

この連立方程式の解は $$\begin{cases} x = \dfrac{du - bv}{ad - bc} \\ y = \dfrac{av - cu}{ad - bc} \end{cases}$$ と, ただ 1 組に決まることがわかる.

Case 3. $ad - bc = 0$ のとき

このときには上の 2 つの基本変形の式から, Case 1 と同じように解が無数に存在したり, 解が存在しなかったりする.

☆**注意** さらに言えば, Case 0 および 1 の各条件はそれぞれ Case 2 または 3 に含まれるので, 次のようにまとめることもできる.

この連立 1 次方程式は

$$ad - bc \neq 0 \text{ のときにはただ 1 組の解をもつ}$$
$$ad - bc = 0 \text{ のときには解が存在しないか, 無数の解が存在する}$$

4–3　行列の基本変形

4–1 節の最初に考察した 次の連立 1 次方程式をもう一度考えてみよう.

$$\begin{cases} 3x + 5y = 34 \\ x + y = 8 \end{cases}$$

4–1 節の解き方の 各ステップにおける連立 1 次方程式を拡大係数行列で表し, 比較したものが 以下である.

$$\begin{cases} 3x + 5y = 34 \\ \boxed{x} + y = 8 \end{cases} \qquad \left[\begin{array}{cc|c} 3 & 5 & 34 \\ \boxed{1} & 1 & 8 \end{array}\right]$$

$$\overset{(A2)}{\Longrightarrow} \begin{cases} \boxed{x} + y = 8 \\ 3x + 5y = 34 \end{cases} \qquad \overrightarrow{②↔①} \quad \left[\begin{array}{cc|c} \boxed{1} & 1 & 8 \\ 3 & 5 & 34 \end{array}\right]$$

$$\overset{(A3)}{\Longrightarrow} \begin{cases} \boxed{x} + y = 8 \\ 2y = 10 \end{cases} \qquad ②+\overrightarrow{①}×(-3) \quad \left[\begin{array}{cc|c} \boxed{1} & 1 & 8 \\ 0 & 2 & 10 \end{array}\right]$$

$$\overset{(A1)}{\Longrightarrow} \begin{cases} \boxed{x} + y = 8 \\ y = 5 \end{cases} \qquad \overrightarrow{②×\frac{1}{2}} \quad \left[\begin{array}{cc|c} \boxed{1} & 1 & 8 \\ 0 & 1 & 5 \end{array}\right]$$

$$\overset{(A3)}{\Longrightarrow} \begin{cases} \boxed{x} = 3 \\ y = 5 \end{cases} \qquad ①+\overrightarrow{②}×(-1) \quad \left[\begin{array}{cc|c} \boxed{1} & 0 & 3 \\ 0 & 1 & 5 \end{array}\right]$$

ここからわかることは,

> 連立 1 次方程式はその拡大係数行列を基本変形すれば解ける

ということである. ただしここでいう「基本変形」とは, 連立 1 次方程式の基本変形を行列に当てはめて書き換えた次のようなものである.

基本変形

(B1) 1 つの 行 に 0 以外の実数を掛ける

(B2) 2 つの 行 を入れ替える

(B3) 1 つの 行 に, 他の 行 の実数倍を加える

この 3 つの変形を 行の基本変形, または単に **基本変形** という[9]. 連立 1 次方程式を, その拡大係数行列を基本変形することによって解く方法を **掃き出し法** という.

掃き出し法のポイント (解がただ 1 組しか存在しない場合)

連立 1 次方程式の拡大係数行列を, 以下のように基本変形する.

(1) $(1,1)$ 成分が 1 になるよう基本変形する.

(2) $(1,1)$ 成分の 1 を使って, 第 1 列の他の行の成分をすべて 0 にするよう基本変形する.

 $\Longrightarrow$ この操作により, 第 1 列が 単位行列の第 1 列と同じになる.

(3) $(2,2)$ 成分が 1 になるよう基本変形する.

 ただし, 第 2 行と第 1 行を入れ替えてはいけない[10].

(4) $(2,2)$ 成分の 1 を使って, 第 2 列の他の行の成分をすべて 0 にするよう基本変形する.

 $\Longrightarrow$ この操作により, 第 2 列が 単位行列の第 2 列と同じになる.

(5) 第 3 行以降があれば, 同様の操作を繰り返す.

 ただし, その行を, その行より上の行と入れ替えてはいけない.

(6) 最終的に, 係数行列部分が 単位行列 となる.

 $\Longrightarrow$ このときの定数項ベクトル部分が連立 1 次方程式の解である.

解がただ 1 組しか存在しない連立 1 次方程式に対しては, この手順に従えば解

---

[9] 同様に, (B1)〜(B3) の行を列 に変えたものを 列の基本変形 といい, これらを合わせて **行列の基本変形** というが, 本書では今後, 行の基本変形のみを扱うため, 行の基本変形のことを単に **基本変形** ということにする.

[10] ポイントの (3) と (5) において, 入れ替えてはいけない理由を各自で考えてみよう.

を求めることができる.

> **例題 4.2** 連立 1 次方程式 $\begin{cases} 2x + 7y = 13 \\ x + 4y = 7 \end{cases}$ を 掃き出し法 により解きなさい.

[**解答**]　前ページの掃き出し法のポイントに従って解く. 書く手間を省き, 見やすくするために, ここでは拡大係数行列の基本変形を表形式で記すことにし [11], その中で ①, ② は それぞれ 1 つ前の拡大係数行列 の 第 1 行, 第 2 行 を表すことにする.

まず, $(2, 1)$ 成分の $\boxed{1}$ に着目する.

		2	7	13	$(2, 1)$ 成分にある $\boxed{1}$ を
		$\boxed{1}$	4	7	$(1, 1)$ 成分に移動する
(B2)	②	1	4	7	$(1, 1)$ 成分の 1 を使って
	①	$\boxed{2}$	7	13	$(2, 1)$ 成分の $\boxed{2}$ を 0 にする
(B3)	②+①×(-2)	1	4	7	$(2, 2)$ 成分の $\boxed{-1}$ を 1 にする
		0	$\boxed{-1}$	-1	
(B1)	②×(-1)	1	$\boxed{4}$	7	$(2, 2)$ 成分の 1 を使って
		0	1	2	$(1, 2)$ 成分の $\boxed{4}$ を 0 にする
(B3)	①+②×(-4)	1	0	3	係数行列部分が
		0	1	1	単位行列になった!!

この変形を行列形式で表示すると, 次のとおりである.

$$\begin{bmatrix} 2 & 7 & | & 13 \\ 1 & 4 & | & 7 \end{bmatrix} \longrightarrow \begin{bmatrix} 1 & 4 & | & 7 \\ 2 & 7 & | & 13 \end{bmatrix} \longrightarrow \begin{bmatrix} 1 & 4 & | & 7 \\ 0 & -1 & | & -1 \end{bmatrix}$$

---

[11] 行列の形で書いても, もちろん構わない.

$$\longrightarrow \begin{bmatrix} 1 & 4 & | & 7 \\ 0 & 1 & | & 1 \end{bmatrix} \longrightarrow \begin{bmatrix} 1 & 0 & | & 3 \\ 0 & 1 & | & 1 \end{bmatrix}$$

変形された最後の拡大係数行列を 連立 1 次方程式の形で表すと

$$\begin{bmatrix} 1 & 0 \\ 0 & 1 \end{bmatrix}\begin{bmatrix} x \\ y \end{bmatrix} = \begin{bmatrix} 3 \\ 1 \end{bmatrix} \iff \begin{cases} 1x + 0y = 3 \\ 0x + 1y = 1 \end{cases}$$

であるから, 求める解は $\begin{cases} x = 3 \\ y = 1 \end{cases}$ である.

注意　参考までに, 例題 4.2 の連立 1 次方程式を, 連立 1 次方程式の基本変形と行の基本変形を表で表して解いた変形の様子を以下にまとめる. この比較からもわかるとおり, 連立 1 次方程式を解くには, 係数と定数項を抜き出した拡大係数行列に対して (行の) 基本変形をすればよいのである.

	$\begin{cases} 2x + 7y = 13 \\ x + 4y = 7 \end{cases}$				2	7	13
					1	4	7
$\overset{(A2)}{\Longrightarrow}$	$\begin{cases} x + 4y = 7 \\ 2x + 7y = 13 \end{cases}$	(B2)		②	1	4	7
				①	2	7	13
$\overset{(A3)}{\Longrightarrow}$	$\begin{cases} x + 4y = 7 \\ -y = -1 \end{cases}$				1	4	7
		(B3)	②+①×(−2)		0	−1	−1
$\overset{(A1)}{\Longrightarrow}$	$\begin{cases} x + 4y = 7 \\ y = 1 \end{cases}$				1	4	7
		(B1)	②×(−1)		0	1	1
$\overset{(A3)}{\Longrightarrow}$	$\begin{cases} x = 3 \\ y = 1 \end{cases}$	(B3)	①+②×(−4)		1	0	3
					0	1	1

問題 4.4　次の連立 1 次方程式を 掃き出し法 により解きなさい.

(1) $\begin{cases} x - 2y = -3 \\ 3x + 5y = 13 \end{cases}$　(2) $\begin{cases} x + 3y = 5 \\ 2x + 7y = 11 \end{cases}$　(3) $\begin{cases} 2x + 3y = 1 \\ x + 5y = 4 \end{cases}$

[解答]　詳しい解説は演習書 p.38〜39 を参照のこと.

(1) $\begin{cases} x = 1 \\ y = 2 \end{cases}$　　　(2) $\begin{cases} x = 2 \\ y = 1 \end{cases}$　　　(3) $\begin{cases} x = -1 \\ y = 1 \end{cases}$

次に, 少し工夫の必要な掃き出し法のテクニックを解説する.

例題 4.3　連立 1 次方程式 $\begin{cases} 7x + 3y = 4 \\ 4x - 5y = 9 \end{cases}$ を 掃き出し法 により解きなさい.

[解答]　掃き出し法のポイントに従って解くのだが, 係数行列部分に 1 がないので, 無理やり 1 を作る. まず, 第 1 列の $\boxed{7}$ と $\boxed{4}$ に着目する.

	$\boxed{7}$	3	4	$\boxed{7} + \boxed{4} \times (-2) = -1$ により	
	$\boxed{4}$	-5	9	まず -1 を作る	
(B3)　①+②×(−2)	-1	13	-14	$(1,1)$ 成分の -1 を 1 にする	
	4	-5	9		
(B1)　　　①×(−1)	1	-13	14	$(1,1)$ 成分の 1 を使って	
	$\boxed{4}$	-5	9	$(2,1)$ 成分の $\boxed{4}$ を 0 にする	
	1	-13	14	$(2,2)$ 成分の $\boxed{47}$ を 1 にする	
(B3)　②+①×(−4)	0	$\boxed{47}$	-47		
(B1)　　　②×$\frac{1}{47}$	1	$\boxed{-13}$	14	$(2,2)$ 成分の 1 を使って	
	0	1	-1	$(1,2)$ 成分の $\boxed{-13}$ を 0 にする	
(B3)　　①+②×13	1	0	1	係数行列部分が	
	0	1	-1	単位行列になった!!	

以上から, 求める解は $\begin{cases} x = 1 \\ y = -1 \end{cases}$ である.

⚡**注意** (1) 掃き出し法の手順についてはいろいろな可能性があり，また計算の得手不得手などにも関係するので，必ずしも本書の方法がベストとは限らない．ただし最終目標の形はどのようなアプローチをしても必ず同じになる[12]．

(2) 例題 4.3 では，計算の段階で分数が出てこないように工夫をしたが，工夫をしないとどうなるか 参考までに以下でみてみよう[13]．

		7	3	4	7 を 1 にする
		4	-5	9	
(B1)	①$\times \frac{1}{7}$	1	$\frac{3}{7}$	$\frac{4}{7}$	$(1,1)$ 成分の 1 を使って
		4	-5	9	$(2,1)$ 成分の 4 を 0 にする
		1	$\frac{3}{7}$	$\frac{4}{7}$	$(2,2)$ 成分の $-\frac{47}{7}$ を 1 にする
(B3)	②$+$①$\times(-4)$	0	$-\frac{47}{7}$	$\frac{47}{7}$	
(B1)		1	$\frac{3}{7}$	$\frac{4}{7}$	$(2,2)$ 成分の 1 を使って
(B2)	②$\times\left(-\frac{7}{47}\right)$	0	1	-1	$(1,2)$ 成分の $\frac{3}{7}$ を 0 にする
(B3)	①$+$②$\times\left(-\frac{3}{7}\right)$	1	0	1	係数行列部分が
		0	1	-1	単位行列になった!!

最後に未知数が 3 つの場合について考える[14]．求めたいのは
$$\begin{cases} x = * \\ y = \# \\ z = \% \end{cases} \quad と$$
いう形の解である．これを行列で書き直せば

$$\begin{bmatrix} 1 & 0 & 0 \\ 0 & 1 & 0 \\ 0 & 0 & 1 \end{bmatrix} \begin{bmatrix} x \\ y \\ z \end{bmatrix} = \begin{bmatrix} * \\ \# \\ \% \end{bmatrix}$$

となるから，未知数が 2 つの場合と同様に「係数行列部分を単位行列にする」ことを目標に，基本変形を用いて計算をすればよい．

---

[12] このことは数学的に証明可能であるが，ここでは省略する．

[13] もちろん，この方法で解いてもよい．

[14] 4 つ以上の場合も基本的には同じ考え方である．

例題 4.4

連立 1 次方程式 $\begin{cases} 3x + 5y - 2z = 0 \\ x + 3y - z = -2 \\ -3x - 6y + 2z = 1 \end{cases}$ を <u>掃き出し法</u> により解きな

さい.

[解答]　掃き出し法のポイントに従って解く. まず, $(2,1)$ 成分の $\boxed{1}$ に着目
する.

		3	5	−2	0	$(2,1)$ 成分にある $\boxed{1}$ を
		$\boxed{1}$	3	−1	−2	$(1,1)$ 成分に移動する
		−3	−6	2	1	
(B2)	②	1	3	−1	−2	$(1,1)$ 成分の 1 を使って
	①	3	5	−2	0	第 1 列を掃き出す
		−3	−6	2	1	
		1	3	−1	−2	第 2 列に 1 がないので
(B3) ②+①×(−3)		0	−4	1	6	$\boxed{-4} + \boxed{3} \times 1 = -1$
(B3) ③+①×3		0	3	−1	−5	により −1 を作る
		1	3	−1	−2	$(2,2)$ 成分の -1 を
(B3) ②+③×1		0	−1	0	1	1 にする
		0	3	−1	−5	
		1	3	−1	−2	$(2,2)$ 成分の 1 を使って
(B1) ②×(−1)		0	1	0	−1	第 2 列を掃き出す
		0	3	−1	−5	
(B3) ①+②×(−3)		1	0	−1	1	$(3,3)$ 成分の $\boxed{-1}$ を 1 にする
		0	1	0	−1	
(B3) ③+②×(−3)		0	0	−1	−2	

(次ページに続く)

		1	0	−1	1	(3,3) 成分の 1 を使って
		0	1	0	−1	第3列を掃き出す
(B1)	③×(−1)	0	0	1	2	
(B3)	①+③×1	1	0	0	3	係数行列部分が
		0	1	0	−1	単位行列になった!!
		0	0	1	2	

以上から, 求める解は $\begin{cases} x = & 3 \\ y = & -1 \\ z = & 2 \end{cases}$ である.

問題 4.5 次の連立1次方程式を 掃き出し法 により解きなさい.

(1) $\begin{cases} 4x - 3y = 1 \\ 3x + 2y = 5 \end{cases}$ (2) $\begin{cases} 11x + 5y = 6 \\ 6x + 7y = -1 \end{cases}$

(3) $\begin{cases} 2x + 3y = 12 \\ 3x - 2y = 5 \end{cases}$ (4) $\begin{cases} 3x - 4y = 7 \\ 5x + 2y = 3 \end{cases}$

(5) $\begin{cases} 7x + 2y = 9 \\ 3x + 5y = 8 \end{cases}$ (6) $\begin{cases} 11x - 7y = -3 \\ -4x + 5y = 6 \end{cases}$

[解答] 詳しい解説は演習書 p.40〜45 を参照のこと.

(1) $\begin{cases} x = 1 \\ y = 1 \end{cases}$ (2) $\begin{cases} x = 1 \\ y = -1 \end{cases}$ (3) $\begin{cases} x = 3 \\ y = 2 \end{cases}$

(4) $\begin{cases} x = 1 \\ y = -1 \end{cases}$ (5) $\begin{cases} x = 1 \\ y = 1 \end{cases}$ (6) $\begin{cases} x = 1 \\ y = 2 \end{cases}$

問題 4.6　次の連立 1 次方程式を 掃き出し法 により解きなさい.

(1)
$$\begin{cases} x - y + z = 2 \\ x + y - z = 0 \\ -x + y + z = 4 \end{cases}$$

(2)
$$\begin{cases} x + y + z = 6 \\ -x + y - z = -2 \\ 2x + y - z = 1 \end{cases}$$

(3)
$$\begin{cases} 4x + 3y - 2z = 9 \\ 3x - 4y + z = 3 \\ x + y + z = 4 \end{cases}$$

(4)
$$\begin{cases} 2x + y - 5z = 4 \\ 3x + 2y - 4z = 3 \\ 4x + 3y - 2z = 1 \end{cases}$$

[解答]　詳しい解説は 演習書 p.46〜49 を参照のこと.

(1)
$$\begin{cases} x = 1 \\ y = 2 \\ z = 3 \end{cases}$$

(2)
$$\begin{cases} x = 1 \\ y = 2 \\ z = 3 \end{cases}$$

(3)
$$\begin{cases} x = 2 \\ y = 1 \\ z = 1 \end{cases}$$

(4)
$$\begin{cases} x = -1 \\ y = 1 \\ z = -1 \end{cases}$$

章末問題 4

章末問題 4.1　次の連立 1 次方程式を 掃き出し法 により解きなさい.

(1)
$$\begin{cases} x + 3y = 5 \\ 2x + 7y = 11 \end{cases}$$

(2)
$$\begin{cases} x + 3y = 5 \\ 2x + 7y = 12 \end{cases}$$

(3)
$$\begin{cases} x + 3y = 5 \\ 3x + 7y = 13 \end{cases}$$

(4)
$$\begin{cases} x + 3y = 5 \\ 3x + 7y = 11 \end{cases}$$

(5)
$$\begin{cases} x - 2y = 0 \\ 2x - 5y = -1 \end{cases}$$

(6)
$$\begin{cases} x - 2y = 5 \\ 2x - 5y = 11 \end{cases}$$

(7) $\begin{cases} x + 5y = 7 \\ 2x + 7y = 11 \end{cases}$　　　　　(8) $\begin{cases} x + 5y = 7 \\ 2x + 7y = 8 \end{cases}$

(9) $\begin{cases} x + 3y = 5 \\ 5x - 13y = -3 \end{cases}$　　　　　(10) $\begin{cases} x + 3y = -1 \\ 5x - 13y = 51 \end{cases}$

(11) $\begin{cases} x - 3y = -1 \\ 4x + 7y = 15 \end{cases}$　　　　　(12) $\begin{cases} x - 3y = 9 \\ 4x + 7y = -2 \end{cases}$

[解答]　(1) $\begin{cases} x = 2 \\ y = 1 \end{cases}$　　(2) $\begin{cases} x = -1 \\ y = 2 \end{cases}$　　(3) $\begin{cases} x = 2 \\ y = 1 \end{cases}$

(4) $\begin{cases} x = -1 \\ y = 2 \end{cases}$　　(5) $\begin{cases} x = 2 \\ y = 1 \end{cases}$　　(6) $\begin{cases} x = 3 \\ y = -1 \end{cases}$

(7) $\begin{cases} x = 2 \\ y = 1 \end{cases}$　　(8) $\begin{cases} x = -3 \\ y = 2 \end{cases}$　　(9) $\begin{cases} x = 2 \\ y = 1 \end{cases}$

(10) $\begin{cases} x = 5 \\ y = -2 \end{cases}$　　(11) $\begin{cases} x = 2 \\ y = 1 \end{cases}$　　(12) $\begin{cases} x = 3 \\ y = -2 \end{cases}$

章末問題 4.2　次の連立 1 次方程式を 掃き出し法 により解きなさい.

(1) $\begin{cases} 99x + 101y + 101z = 99 \\ 100x + 101y + 100z = 99 \\ 101x + 100y + 99z = 100 \end{cases}$

$$(2) \begin{cases} x - y - z + u + v = 200 \\ x - y + z + u - v = 300 \\ x + y - z + u - v = -100 \\ -x + y + z + u + v = -200 \\ x + y + z - u - v = 200 \end{cases}$$

ヒント　いずれも，掃き出し法のポイントに注意しながら，うまく基本変形する．詳しい解説は演習書 p.51〜54 を参照のこと．

[解答]　(1) $\begin{cases} x = 1 \\ y = -1 \\ z = 1 \end{cases}$　(2) $\begin{cases} x = 200 \\ y = -100 \\ z = 100 \\ u = -50 \\ v = 50 \end{cases}$

第5章 行列の簡約化と階数

　解が1通りに決まらない，また全く解をもたないケースも含め，連立1次方程式について明らかにするために行列の理論を深めよう．ここでは行列の簡約化と行列の階数について述べる．さらにこの理論は，第II部で扱う線形計画法において大きな役割をもつ．

5−1　行列の簡約化

　まず初めにいくつか用語の定義をしておこう．行ベクトルの各成分について，それらを左から順に その行の 第1成分，第2成分，... という．また，すべての成分が0であるような 行ベクトル のことを 零行ベクトル といい，零行ベクトルではない 行 それぞれに対して，第1成分から順にみて 0 でない最初の成分をその行の 主成分 という．

例 5.1

$$
\begin{array}{ccccccc}
\text{行列} & \left[\begin{array}{cccccc}
0 & 0 & 0 & 0 & 0 & 0 \\
0 & \boxed{1} & 3 & 0 & 0 & -2 \\
0 & 0 & 0 & 0 & 0 & 0 \\
0 & 0 & 0 & 0 & \boxed{-2} & -3
\end{array}\right]
\end{array}
$$

に対して，第1行 と 第3行 は，すべての成分が0であるから 零行ベクトル である．また，第2行については第1成分は0なので 第2成分の $\boxed{1}$ が 第2行の主成分 であり，第4行については 第1成分から第4成分まで0なので 第5成分の $\boxed{-2}$ が 第4行の主成分 である．

　早速，実際のケースで考えてみよう．

問題 5.1　次の行列の主成分をすべて答えなさい.

$$(1) \begin{bmatrix} 0 & 1 & 0 & 3 & 4 & -1 \\ 0 & 0 & 1 & -1 & 0 & -2 \\ 0 & 0 & 0 & 0 & 2 & 1 \\ 0 & 0 & 0 & 0 & 0 & 0 \end{bmatrix} \quad (2) \begin{bmatrix} 0 & 4 & 0 & 2 & 5 & -1 \\ 0 & 0 & 0 & 0 & 0 & 0 \\ 2 & 0 & 1 & -1 & 0 & 1 \\ 0 & 0 & 0 & 0 & 0 & -1 \\ 0 & 0 & 0 & 0 & 0 & 0 \end{bmatrix}$$

[**解答**]　詳しい解説は 演習書 p.56〜57 を参照のこと.

(1)　第 1 行 1,　第 2 行 1,　第 3 行 2

(2)　第 1 行 4,　第 3 行 2,　第 4 行 −1

簡約な行列を以下で定義する.

定義 5.1　(簡約な行列)

　次の性質を すべて 満たすような行列を, 簡約な行列 という.

(D1)　零行ベクトルがあれば, それは零行ベクトルでないものよりも下に
ある.

(D2)　各行の主成分があれば, それは 1 である.

(D3)　各行の主成分は, 下の行ほど右の列にある.

(D4)　主成分を含む列の, 主成分以外の成分はすべて 0 である.

すぐにわかるように, 単位行列は簡約な行列である.

例 5.2

(1)　簡約な行列の例　　　　　　　(2)　(D1) を満たさない行列の例

(3) (D2) を満たさない行列の例

$$\begin{bmatrix} 0 & \boxed{1} & 0 & 2 & 0 & -1 \\ 0 & 0 & \boxed{1} & -1 & 0 & 3 \\ 0 & 0 & 0 & 0 & \boxed{\boxed{2}} & 4 \\ 0 & 0 & 0 & 0 & 0 & 0 \end{bmatrix}$$

(4) (D3) を満たさない行列の例

$$\begin{bmatrix} 0 & \boxed{1} & 0 & 2 & 0 & -1 \\ 0 & 0 & 0 & 0 & \boxed{1} & 2 \\ 0 & 0 & \boxed{\boxed{1}} & -1 & 0 & 3 \\ 0 & 0 & 0 & 0 & 0 & 0 \end{bmatrix}$$

(5) (D4) を満たさない行列の例

$$\begin{bmatrix} 0 & \boxed{1} & 0 & 2 & 0 & -1 \\ 0 & 0 & \boxed{1} & -1 & \boxed{1} & 5 \\ 0 & 0 & 0 & 0 & \boxed{1} & 2 \\ 0 & 0 & 0 & 0 & 0 & 0 \end{bmatrix}$$

(6) すべての条件を満たさない
行列の例

$$\begin{bmatrix} 0 & \boxed{1} & 0 & 2 & 0 & -1 \\ 0 & 0 & 0 & 0 & \boxed{\boxed{2}} & 4 \\ 0 & 0 & 0 & 0 & 0 & 0 \\ 0 & 0 & \boxed{1} & -1 & \boxed{1} & 5 \end{bmatrix}$$

注意 簡約な行列であるかどうかは, 次のようにして調べてもよい.

(1)〜(6) のいずれの行列も 零行ベクトル以外の行は $\boxed{3}$ つあるから, 各行列のなかで 前から順に $\boxed{3}$ 個 の 4 次元列ベクトル

$$\begin{bmatrix} \boxed{1} \\ 0 \\ 0 \\ 0 \end{bmatrix}, \quad \begin{bmatrix} 0 \\ \boxed{1} \\ 0 \\ 0 \end{bmatrix}, \quad \begin{bmatrix} 0 \\ 0 \\ \boxed{1} \\ 0 \end{bmatrix}$$

がうまく取り出せれば, 簡約な行列である. それぞれ調べてみると, (1) では 第2列, 第3列, 第5列 を取り出せばよいので簡約な行列であることがわかる. ところが, (2)〜(6) では どのようにしてもうまく取り出せないので, 簡約な行列ではない.

ここで, 簡約な行列とは具体的にどのような形となるか調べてみよう. まず, 簡単なところから 2 次正方行列における簡約な行列をすべて求めてみよう. 簡約な行列の条件である (D1) 〜 (D4) のすべてを満たすような行列を考えると

$$\begin{bmatrix} \boxed{1} & 0 \\ 0 & \boxed{1} \end{bmatrix}, \quad \begin{bmatrix} \boxed{1} & * \\ 0 & 0 \end{bmatrix}, \quad \begin{bmatrix} 0 & \boxed{1} \\ 0 & 0 \end{bmatrix}, \quad \begin{bmatrix} 0 & 0 \\ 0 & 0 \end{bmatrix}$$

の4通りある. * はどんな実数でもよい. また, 連立1次方程式の拡大係数行列

を意識した 2×3 行列における簡約な行列をすべて求めてみると

$$\left[\begin{array}{cc|c} \boxed{1} & 0 & * \\ 0 & \boxed{1} & * \end{array}\right], \quad \left[\begin{array}{cc|c} \boxed{1} & * & 0 \\ 0 & 0 & \boxed{1} \end{array}\right], \quad \left[\begin{array}{cc|c} \boxed{1} & * & * \\ 0 & 0 & 0 \end{array}\right],$$

$$\left[\begin{array}{cc|c} 0 & \boxed{1} & 0 \\ 0 & 0 & \boxed{1} \end{array}\right], \quad \left[\begin{array}{cc|c} 0 & \boxed{1} & * \\ 0 & 0 & 0 \end{array}\right], \quad \left[\begin{array}{cc|c} 0 & 0 & \boxed{1} \\ 0 & 0 & 0 \end{array}\right], \quad \left[\begin{array}{cc|c} 0 & 0 & 0 \\ 0 & 0 & 0 \end{array}\right]$$

の 7 通りある.

　以上の考察から, 一般の行列における簡約な行列は以下のように表せることがわかる. ただし * は実数を表す.

$$\left[\begin{array}{cccccccccccccccc} 0 & \cdots & 0 & \boxed{1} & * & \cdots & * & 0 & * & \cdots & * & 0 & * & \cdots & * & 0 & * & \cdots & * \\ 0 & \cdots & 0 & 0 & 0 & \cdots & 0 & \boxed{1} & * & \cdots & * & 0 & * & \cdots & * & 0 & * & \cdots & * \\ 0 & \cdots & 0 & 0 & 0 & \cdots & 0 & 0 & 0 & \cdots & 0 & \boxed{1} & * & \cdots & * & 0 & * & \cdots & * \\ \vdots & & \vdots & \vdots & \vdots & & \vdots & \vdots & \vdots & & \vdots & & & & & \vdots & & & \vdots \\ 0 & \cdots & 0 & 0 & 0 & \cdots & 0 & 0 & 0 & \cdots & 0 & 0 & 0 & \cdots & 0 & \boxed{1} & * & \cdots & * \\ 0 & \cdots & 0 & 0 & 0 & \cdots & 0 & 0 & 0 & \cdots & 0 & 0 & 0 & \cdots & 0 & 0 & 0 & \cdots & 0 \\ 0 & \cdots & 0 & 0 & 0 & \cdots & 0 & 0 & 0 & \cdots & 0 & 0 & 0 & \cdots & 0 & 0 & 0 & \cdots & 0 \\ \vdots & & \vdots & \vdots & \vdots & & \vdots & \vdots & \vdots & & \vdots & & & & & \vdots & & & \vdots \\ 0 & \cdots & 0 & 0 & 0 & \cdots & 0 & 0 & 0 & \cdots & 0 & 0 & 0 & \cdots & 0 & 0 & 0 & \cdots & 0 \end{array}\right]$$

　上のように, 簡約な行列は左斜め下の部分の成分がすべて 0 であり, その部分を土台とした階段を形作ることができる. このような行列を 階段行列 という. つまり, 簡約な行列とは階段行列の各階段の先頭部分 (主成分) はすべて 1 であり, しかも各階段の先頭を含む列は主成分以外の成分がすべて 0 であるような行列のことである.

　簡約でない行列を簡約な行列に変形する次の操作が重要となる.

定義 5.2 （行列の簡約化）

行列を基本変形により簡約な行列にすることを 簡約化 という.

☆注意

(1) 簡約化とは, 基本変形を用いて単位行列 のように 変形する操作だと思えばよい.

(2) どんな行列でも基本変形を繰り返せば必ず簡約化できる.

(3) 1 つの行列に対して, それを基本変形して得られる 簡約な行列 はただ 1 通りに決まる[1].

簡約化のポイントとしては, 簡約化したあとの行列が上のような 階段状の形 となることを頭に置いた上で, 第 4 章の掃き出し法のポイント (p.71) にあるように第 1 列から順に形を整えていけばよい.

例題 5.1 次の行列が簡約であるかどうか調べなさい. 簡約でないときは簡約化しなさい.

$$(1) \begin{bmatrix} 0 & 1 & 3 & 1 \\ 0 & 0 & 0 & 0 \\ 0 & 0 & 0 & 0 \end{bmatrix} \qquad (2) \begin{bmatrix} 1 & 1 & 3 & 1 & -1 \\ 0 & 0 & 1 & 2 & 0 \\ 0 & 0 & 0 & 0 & 1 \end{bmatrix}$$

[**解答**] 簡約化の条件を満たしているか 1 つずつ調べ, 満たしていなければその条件を満たすように基本変形をする.

(1) まず, 簡約化の条件を満たしているか調べる.

(D1) 零行ベクトルは, 零行ベクトルでないものよりも下にあるので 成り立っている.

$$\begin{bmatrix} 0 & 1 & 3 & 1 \\ 0 & 0 & 0 & 0 \\ 0 & 0 & 0 & 0 \end{bmatrix}$$

---

[1] 簡約化する方法は無数にあるが, 結果は同じとなる.

(D2)　各行の主成分を調べてみると, 第 1 行は第 2 成分の $\boxed{1}$, 第 2 行と第 3 行は零行ベクトルなので主成分は存在しない. よって, どの主成分も 1 であるから 成り立っている.

$$\begin{bmatrix} 0 & \boxed{1} & 3 & 1 \\ 0 & 0 & 0 & 0 \\ 0 & 0 & 0 & 0 \end{bmatrix}$$

(D3)　主成分は第 1 行しかないので 成り立っている.

$$\begin{bmatrix} 0 & \boxed{1} & 3 & 1 \\ 0 & 0 & 0 & 0 \\ 0 & 0 & 0 & 0 \end{bmatrix}$$

(D4)　主成分を含む列 (いまの場合, 第 2 列のみ) の, 主成分以外の成分 (下記網掛け部分) はすべて 0 であるから成り立っている.

$$\begin{bmatrix} 0 & \boxed{1} & 3 & 1 \\ 0 & 0 & 0 & 0 \\ 0 & 0 & 0 & 0 \end{bmatrix}$$

よって, この行列は簡約な行列の条件 (D1)～(D4) をすべて満たすので 簡約な行列である.

(2)　まず, 簡約化の条件を満たしているか調べる.

(D1)　零行ベクトルはないので 成り立っている.

(D2)　各行の主成分を調べてみると, 第 1 行は第 1 成分の $\boxed{1}$, 第 2 行は第 3 成分の $\boxed{1}$, 第 3 行は第 5 成分の $\boxed{1}$ がそれぞれ主成分であり, いずれも 1 であるから 成り立っている.

$$\begin{bmatrix} \boxed{1} & 1 & 3 & 1 & -1 \\ 0 & 0 & \boxed{1} & 2 & 0 \\ 0 & 0 & 0 & 0 & \boxed{1} \end{bmatrix}$$

(D3)　各行の主成分は, 下の行ほど右の列にあることがわかるので 成り立っている.

$$\begin{bmatrix} \boxed{1} & 1 & 3 & 1 & -1 \\ 0 & 0 & \boxed{1} & 2 & 0 \\ 0 & 0 & 0 & 0 & \boxed{1} \end{bmatrix}$$

(D4)　主成分を含む列の, 主成分以外の成分 (下記網掛け部分) はすべて 0 でないといけないが, $(1,3)$ 成分の $\boxed{3}$, $(1,5)$ 成分の $\boxed{-1}$ は 0 ではないので 成り立っていない.

$$\begin{bmatrix} 1 & 1 & \boxed{3} & 1 & \boxed{-1} \\ 0 & 0 & \boxed{1} & 2 & 0 \\ 0 & 0 & 0 & 0 & \boxed{1} \end{bmatrix}$$

よって, **簡約な行列ではない**. (D4) を満たすように基本変形する.

$$\begin{bmatrix} 1 & 1 & 3 & 1 & -1 \\ 0 & 0 & 1 & 2 & 0 \\ 0 & 0 & 0 & 0 & 1 \end{bmatrix} \longrightarrow \begin{bmatrix} 1 & 1 & 0 & -5 & -1 \\ 0 & 0 & 1 & 2 & 0 \\ 0 & 0 & 0 & 0 & 1 \end{bmatrix} \longrightarrow \begin{bmatrix} 1 & 1 & 0 & -5 & 0 \\ 0 & 0 & 1 & 2 & 0 \\ 0 & 0 & 0 & 0 & 1 \end{bmatrix}$$

よって, この行列を簡約化すると $\begin{bmatrix} \mathbf{1} & \mathbf{1} & \mathbf{0} & \mathbf{-5} & \mathbf{0} \\ \mathbf{0} & \mathbf{0} & \mathbf{1} & \mathbf{2} & \mathbf{0} \\ \mathbf{0} & \mathbf{0} & \mathbf{0} & \mathbf{0} & \mathbf{1} \end{bmatrix}$ となる.

問題 5.2　簡約な行列であるかどうか調べなさい. 簡約でないときは簡約化しなさい.

(1) $\begin{bmatrix} 0 & 1 & 0 \\ 0 & 0 & 1 \\ 0 & 0 & 1 \end{bmatrix}$　　(2) $\begin{bmatrix} 1 & 2 & -3 \\ 0 & 1 & 1 \\ 0 & 0 & 0 \end{bmatrix}$　　(3) $\begin{bmatrix} 1 & 0 & 0 \\ 0 & 2 & 4 \\ 0 & 0 & -1 \end{bmatrix}$

(4) $\begin{bmatrix} 1 & 0 & 0 & 1 \\ 0 & 0 & 0 & 0 \\ 0 & 0 & 0 & 0 \end{bmatrix}$　　(5) $\begin{bmatrix} 1 & 0 & 0 & 1 \\ 0 & 1 & 1 & 0 \\ 0 & 0 & 1 & 1 \end{bmatrix}$　　(6) $\begin{bmatrix} 0 & 0 & 3 & 0 \\ 0 & 0 & 0 & 0 \\ 2 & 0 & 0 & 1 \end{bmatrix}$

[解答] 詳しい解説は演習書 p.57〜62 を参照のこと.

(1) 簡約でない, $\begin{bmatrix} 0 & 1 & 0 \\ 0 & 0 & 1 \\ 0 & 0 & 0 \end{bmatrix}$ 　(2) 簡約でない, $\begin{bmatrix} 1 & 0 & -5 \\ 0 & 1 & 1 \\ 0 & 0 & 0 \end{bmatrix}$

(3) 簡約でない, $\begin{bmatrix} 1 & 0 & 0 \\ 0 & 1 & 0 \\ 0 & 0 & 1 \end{bmatrix}$ 　(4) 簡約な行列である

(5) 簡約でない, $\begin{bmatrix} 1 & 0 & 0 & 1 \\ 0 & 1 & 0 & -1 \\ 0 & 0 & 1 & 1 \end{bmatrix}$ 　(6) 簡約でない, $\begin{bmatrix} 1 & 0 & 0 & \frac{1}{2} \\ 0 & 0 & 1 & 0 \\ 0 & 0 & 0 & 0 \end{bmatrix}$

5−2　行列の階数

　行列 A を簡約化したものを考える. その行数から, 零行ベクトル (行ベクトルで成分がすべて 0 のもの) の数を引いた値を行列 A の 階数 といい, rank A と表す. 行列の階数 とは簡約化した階段行列の 階段の数 のことであるともいえる.

例題 5.2　次の行列を簡約化し, 階数を求めなさい.

(1)　$A = \begin{bmatrix} 3 & 1 \\ 1 & 0 \end{bmatrix}$ 　(2)　$B = \begin{bmatrix} 0 & 1 & 3 & 2 \\ 1 & 0 & 1 & 1 \\ 1 & -2 & -5 & -3 \end{bmatrix}$

[解答]　(1)　行列 A を簡約化する.

$$\begin{bmatrix} 3 & 1 \\ 1 & 0 \end{bmatrix} \longrightarrow \begin{bmatrix} 1 & 0 \\ 3 & 1 \end{bmatrix} \longrightarrow \begin{bmatrix} 1 & 0 \\ 0 & 1 \end{bmatrix} \cdots\cdots 簡約な行列$$

簡約化した行列の行数は 2 で, そのうち零行ベクトルの数は 0 であるから

$$\text{rank}\, A \;=\; 2 - 0 \;=\; \boxed{2}$$

である.

(2) 行列 B を簡約化する.

$$
\begin{bmatrix} 0 & 1 & 3 & 2 \\ 1 & 0 & 1 & 1 \\ 1 & -2 & -5 & -3 \end{bmatrix} \longrightarrow \begin{bmatrix} 1 & 0 & 1 & 1 \\ 0 & 1 & 3 & 2 \\ 1 & -2 & -5 & -3 \end{bmatrix}
$$

$$
\longrightarrow \begin{bmatrix} 1 & 0 & 1 & 1 \\ 0 & 1 & 3 & 2 \\ 0 & -2 & -6 & -4 \end{bmatrix} \longrightarrow \begin{bmatrix} 1 & 0 & 1 & 1 \\ 0 & 1 & 3 & 2 \\ 0 & 0 & 0 & 0 \end{bmatrix} \cdots\cdots 簡約な行列
$$

簡約化した行列の行数は 3 で, そのうち零行ベクトルの数は 1 であるから

$$
\operatorname{rank} B \ = \ 3 - 1 \ = \ \boxed{2}
$$

である.

注意　行列の階数は, 簡約化したあとの行列の主成分の個数と同じである.

問題 5.3　次の行列を簡約化し, 階数を求めなさい.

(1) $A = \begin{bmatrix} 1 & -2 & 5 \\ 2 & 1 & 10 \end{bmatrix}$　　(2) $B = \begin{bmatrix} 2 & -1 & 5 \\ 0 & 2 & 2 \\ 1 & 0 & 3 \end{bmatrix}$

(3) $C = \begin{bmatrix} 1 & 0 & 4 & 1 & 0 & 0 \\ 0 & -1 & 1 & 0 & 1 & 0 \\ 0 & 4 & -3 & 0 & 0 & 1 \end{bmatrix}$

(4) $D = \begin{bmatrix} 2 & 4 & -2 & 0 & 2 & 0 \\ -3 & -6 & 3 & 0 & -3 & 0 \\ -1 & -2 & 1 & 0 & -1 & 0 \end{bmatrix}$

[**解答**]　詳しい解説は演習書 p.63〜64 を参照のこと.

(1) $\begin{bmatrix} 1 & 0 & 5 \\ 0 & 1 & 0 \end{bmatrix}$,　$\operatorname{rank} A = 2$　(2) $\begin{bmatrix} 1 & 0 & 3 \\ 0 & 1 & 1 \\ 0 & 0 & 0 \end{bmatrix}$,　$\operatorname{rank} B = 2$

(3) $\begin{bmatrix} 1 & 0 & 0 & 1 & -16 & -4 \\ 0 & 1 & 0 & 0 & 3 & 1 \\ 0 & 0 & 1 & 0 & 4 & 1 \end{bmatrix}$,　$\operatorname{rank} C = 3$

(4) $\begin{bmatrix} 1 & 2 & -1 & 0 & 1 & 0 \\ 0 & 0 & 0 & 0 & 0 & 0 \\ 0 & 0 & 0 & 0 & 0 & 0 \end{bmatrix}$,　$\operatorname{rank} D = 1$

章末問題 5

章末問題 5.1　例 5.2 (2)〜(6) の行列をそれぞれ簡約化すると, すべて 例 5.2 (1) の行列になる. このことを確かめなさい.　(解答省略)

章末問題 5.2　次の行列の階数を求めなさい.

(1)　$A = \begin{bmatrix} 0 & 0 & 0 \\ 0 & 0 & 1 \\ 1 & 0 & 0 \end{bmatrix}$　(2)　$B = \begin{bmatrix} 0 & 0 & 7 \\ 0 & 0 & 3 \\ 0 & 0 & 4 \end{bmatrix}$

(3)　$C = \begin{bmatrix} 3 & -1 & 2 \\ 0 & 0 & 0 \\ 3 & -1 & 2 \end{bmatrix}$　(4)　$D = \begin{bmatrix} 1 & 2 & -3 \\ 1 & 2 & -3 \\ 0 & 0 & 0 \end{bmatrix}$

(5)　$F = \begin{bmatrix} 2 & 0 & 5 \\ 0 & 3 & 0 \\ 0 & 0 & -1 \end{bmatrix}$　(6)　$G = \begin{bmatrix} 1 & 0 & 2 & -1 & 2 \\ 2 & 1 & 3 & -1 & 5 \\ -1 & 3 & -5 & 4 & 1 \end{bmatrix}$

(7)　$H = \begin{bmatrix} 2 & 1 & 3 & -1 & -1 \\ -1 & 3 & -5 & 4 & 1 \\ 1 & 0 & 2 & -1 & 2 \end{bmatrix}$

$$(8) \quad J = \begin{bmatrix} 3 & 1 & 5 & 7 & -2 \\ 1 & 0 & 2 & 2 & -1 \\ 2 & 1 & 3 & 5 & -1 \\ 1 & -3 & 5 & -1 & -4 \end{bmatrix}$$

[解答] (1) $\operatorname{rank} A = 2$ (2) $\operatorname{rank} B = 1$

(3) $\operatorname{rank} C = 2$ (4) $\operatorname{rank} D = 1$ (5) $\operatorname{rank} F = 3$

(6) $\operatorname{rank} G = 2$ (7) $\operatorname{rank} H = 3$ (8) $\operatorname{rank} J = 2$

章末問題 5.3   次の各問に答えなさい.

(1) 3 次正方行列における簡約な行列をすべて求めなさい.

$$(2) \qquad 行列\ A = \begin{bmatrix} 1 & 5 & 0 & 8 \\ 3 & 1 & 2 & 14 \\ -2 & 1 & -1 & -7 \\ 2 & 7 & 9 & 31 \end{bmatrix}$$

の階数を求めなさい.

$$(3) \qquad 行列\ B = \begin{bmatrix} 1 & 1 & 0 & 0 & 0 & 0 \\ 2 & 3 & -1 & 1 & -1 & 1 \\ 1 & 3 & -2 & 2 & -2 & 2 \\ 2 & 5 & -3 & 3 & -3 & 3 \\ -1 & -4 & 3 & -3 & 3 & -3 \\ 1 & 0 & 1 & -1 & 1 & -1 \end{bmatrix}$$

の階数を求めなさい.

ヒント (1) p.82〜83 の例 5.2 をみよ. (2), (3) 簡約化せよ. 詳しい解説は演習書 p.66〜67 を参照のこと.

[解答] (1) $\begin{bmatrix} 1 & 0 & 0 \\ 0 & 1 & 0 \\ 0 & 0 & 1 \end{bmatrix}$ $\begin{bmatrix} 1 & 0 & * \\ 0 & 1 & * \\ 0 & 0 & 0 \end{bmatrix}$ $\begin{bmatrix} 1 & * & 0 \\ 0 & 0 & 1 \\ 0 & 0 & 0 \end{bmatrix}$ $\begin{bmatrix} 1 & * & * \\ 0 & 0 & 0 \\ 0 & 0 & 0 \end{bmatrix}$

$$\begin{bmatrix} 0 & 1 & 0 \\ 0 & 0 & 1 \\ 0 & 0 & 0 \end{bmatrix} \quad \begin{bmatrix} 0 & 1 & * \\ 0 & 0 & 0 \\ 0 & 0 & 0 \end{bmatrix} \quad \begin{bmatrix} 0 & 0 & 1 \\ 0 & 0 & 0 \\ 0 & 0 & 0 \end{bmatrix} \quad \begin{bmatrix} 0 & 0 & 0 \\ 0 & 0 & 0 \\ 0 & 0 & 0 \end{bmatrix}$$

(∗ はどんな実数でもよい)

(2)　rank $A = 3$　　(3)　rank $B = 2$

第6章　連立方程式の解の分類

4–2 節で述べたように, 連立 1 次方程式は必ずしも 1 組の解が定まるわけではなく, 解が存在しなかったり解が無数に存在したりすることがある.

この章では, 解の存在しない連立 1 次方程式 (解なし) と, 解が無数に存在する連立 1 次方程式 (不定解) について詳しく調べる.

6–1　解の存在と行列の簡約化

4 章で学習した掃き出し法を思い出そう. そこで共通していたことは, 連立 1 次方程式の係数行列が正方行列であったことと, 拡大係数行列を基本変形すると係数行列部分が必ず単位行列となったことである. また, そのときの定数項ベクトルが連立 1 次方程式の解であった. このことをまとめてみると次のようになる.

係数行列 A が正方行列, B が定数項ベクトルの連立 1 次方程式

$$AX = B \quad \text{に対して,}$$

拡大係数行列 $\left[\begin{array}{c|c} A & B \end{array}\right]$ を基本変形したものが $\left[\begin{array}{c|c} E & C \end{array}\right]$ となるとき,

その連立 1 次方程式の解は $X = C$ である.

ところで次のような連立 1 次方程式を考えてみる.

例 6.1

$$\begin{cases} x + 2y - z = 0 \\ 2x + 5y - 3z = -1 \\ 3x + 2y + 2z = 9 \\ 4x - 4y + 5z = -3 \\ 5x - 2y + 3z = -8 \end{cases} \quad \text{を解け.}$$

　意外に難敵かもしれない. 未知数は x, y, z の 3 つである. しかし方程式は 5 本ある. 拡大係数行列 は

$$\begin{bmatrix} 1 & 2 & -1 & 0 \\ 2 & 5 & -3 & -1 \\ 3 & 2 & 2 & 9 \\ 4 & -4 & 5 & -3 \\ 5 & -2 & 3 & -8 \end{bmatrix}$$

であるから, どう変形しても「係数行列部分が単位行列」にはならない. 一方で実際に起きる問題では, 未知数の個数と方程式の本数が異なることはたくさんある. そう考えると上の方法だけでは不十分である.

　そこで基本に戻って連立 1 次方程式を加減法を用いて直接解いてみよう.

$$\begin{cases} x + 2y - z = 0 \\ 2x + 5y - 3z = -1 \\ 3x + 2y + 2z = 9 \\ 4x - 4y + 5z = -3 \\ 5x - 2y + 3z = -8 \end{cases} \implies \begin{cases} x + 2y - z = 0 \\ y - z = -1 \quad ②+①×(-2) \\ -4y + 5z = 9 \quad ③+①×(-3) \\ -12y + 9z = -3 \quad ④+①×(-4) \\ -12y + 8z = -8 \quad ⑤+①×(-5) \end{cases}$$

$$\Longrightarrow \begin{cases} x + z = 2 & \text{①}+\text{②}\times(-2) \\ y - z = -1 & \\ z = 5 & \text{③}+\text{②}\times 4 \\ -3z = -15 & \text{④}+\text{②}\times 12 \\ -4z = -20 & \text{⑤}+\text{②}\times 12 \end{cases} \Longrightarrow \begin{cases} x = -3 & \text{①}+\text{③}\times(-1) \\ y = 4 & \text{②}+\text{③}\times 1 \\ z = 5 & \\ 0 = 0 & \text{④}+\text{③}\times 3 \\ 0 = 0 & \text{⑤}+\text{③}\times 4 \end{cases}$$

とりあえず x, y, z の値は求まった. まずこれが解としてふさわしいか, を検算しなくてはならないが, この問題では (偶然だが) うまくいく[1].

このことを拡大係数行列の立場でみてみよう. 上の変形を行列で書けば

$$\begin{bmatrix} 1 & 2 & -1 & | & 0 \\ 2 & 5 & -3 & | & -1 \\ 3 & 2 & 2 & | & 9 \\ 4 & -4 & 5 & | & -3 \\ 5 & -2 & 3 & | & -8 \end{bmatrix} \longrightarrow \begin{bmatrix} 1 & 2 & -1 & | & 0 \\ 0 & 1 & -1 & | & -1 \\ 0 & -4 & 5 & | & 9 \\ 0 & -12 & 9 & | & -3 \\ 0 & -12 & 8 & | & -8 \end{bmatrix}$$

$$\longrightarrow \begin{bmatrix} 1 & 0 & 1 & | & 2 \\ 0 & 1 & -1 & | & -1 \\ 0 & 0 & 1 & | & 5 \\ 0 & 0 & -3 & | & -15 \\ 0 & 0 & -4 & | & -20 \end{bmatrix} \longrightarrow \begin{bmatrix} 1 & 0 & 0 & | & -3 \\ 0 & 1 & 0 & | & 4 \\ 0 & 0 & 1 & | & 5 \\ 0 & 0 & 0 & | & 0 \\ 0 & 0 & 0 & | & 0 \end{bmatrix}$$

となる. 最後には簡約な行列が現れる. 特に 4 行目と 5 行目が零行ベクトルになっているのは, 連立方程式の立場からみれば, 常に正しいが意味をもたない式 $0 = 0$ が現れたということである. このことからわかるように, 拡大係数行列を簡約化したときに

(1) 一番下に零行ベクトルが現れたら無視した上で
(2) 係数行列部分 (縦棒の左) が単位行列になっている

ときに, その連立 1 次方程式の解はただ 1 組得られる.

---

[1] $0 = 0$ が出てきたからといって「無数にある」「不定」などと短絡してはいけない.

6-2　解がない場合

次の例を考えてみよう.

例 6.2
$$\begin{cases} x + 2y - z = 0 \\ 2x + 5y - 3z = -1 \\ 3x + 2y + 2z = 9 \\ 4x - 4y + 5z = -2 \\ 5x - 2y + 3z = -8 \end{cases}$$ を解け.

この連立1次方程式の拡大係数行列を簡約化してみよう.

$$
\begin{bmatrix}
1 & 2 & -1 & 0 \\
2 & 5 & -3 & -1 \\
3 & 2 & 2 & 9 \\
4 & -4 & 5 & -2 \\
5 & -2 & 3 & -8
\end{bmatrix}
\longrightarrow
\begin{bmatrix}
1 & 2 & -1 & 0 \\
0 & 1 & -1 & -1 \\
0 & -4 & 5 & 9 \\
0 & -12 & 9 & -2 \\
0 & -12 & 8 & -8
\end{bmatrix}
$$

$$
\longrightarrow
\begin{bmatrix}
1 & 0 & 1 & 2 \\
0 & 1 & -1 & -1 \\
0 & 0 & 1 & 5 \\
0 & 0 & -3 & -14 \\
0 & 0 & -4 & -20
\end{bmatrix}
\longrightarrow
\begin{bmatrix}
1 & 0 & 0 & -3 \\
0 & 1 & 0 & 4 \\
0 & 0 & 1 & 5 \\
0 & 0 & 0 & 1 \\
0 & 0 & 0 & 0
\end{bmatrix}
$$

この拡大係数行列に対して, 対応する連立1次方程式を具体的に書き表すと

$$
\begin{bmatrix}
1 & 0 & 0 \\
0 & 1 & 0 \\
0 & 0 & 1 \\
0 & 0 & 0 \\
0 & 0 & 0
\end{bmatrix}
\begin{bmatrix} x \\ y \\ z \end{bmatrix}
=
\begin{bmatrix} -3 \\ 4 \\ 5 \\ 1 \\ 0 \end{bmatrix}
\quad \text{より} \quad
\begin{cases} x = -3 \\ y = 4 \\ z = 5 \\ 0 = 1 \\ 0 = 0 \end{cases}
$$

であるが, 第4式 $0 = 1$ の矛盾からこの連立1次方程式を満たす解は存在しない. よって, この連立1次方程式は 解なし である.

このことを上の例を見ながら言い換えると, 拡大係数行列を簡約化したときに

(1) 一番下に零行ベクトルが現れたら無視した上で

(2) それでもなお係数行列部分 (縦棒の左) に 0 のみの行がある

ときに, その連立1次方程式は解をもたないことがわかる.

このことを「簡約行列の主成分の個数」という観点でみてみよう.

$$\left[\begin{array}{cccccc|c} 1 & \cdots & \cdots & \cdots & \cdots & \cdots & \cdots \\ 0 & \cdots & 0 & 1 & \cdots & \cdots & \cdots \\ & \cdots & & & \cdots & & \\ 0 & \cdots & 0 & 0 & \cdots & 0 & \heartsuit \\ 0 & \cdots & 0 & 0 & \cdots & 0 & 0 \\ & \cdots & & & \cdots & & \\ 0 & \cdots & 0 & 0 & \cdots & 0 & 0 \end{array}\right]$$ ($\heartsuit$は 0 でない実数)

係数行列と拡大係数行列では, 拡大係数行列の方が「主成分」をもつ行が1つ多いということになる. 言い換えれば,

$$\text{拡大係数行列の階数} \quad > \quad \text{係数行列の階数}$$

である.

定理 6.1 (解が存在しない連立1次方程式の性質)

連立1次方程式 $AX = B$ において,

$$\text{rank} \left[\begin{array}{c|c} A & B \end{array}\right] \neq \text{rank}\, A$$

が成り立つとき, この連立1次方程式を満たす X は存在しない. つまり, 解なし である.

例題 6.1 次の連立 1 次方程式は 解なし であることを証明しなさい.

$$\begin{cases} x + 2z - v = -2 \\ 2x + y + 3z - v = -2 \\ -x - 2z + u + 3v = 5 \\ y - z + v = 3 \end{cases}$$

[解答]　拡大係数行列を簡約化する.

$$\begin{bmatrix} 1 & 0 & 2 & 0 & -1 & | & -2 \\ 2 & 1 & 3 & 0 & -1 & | & -2 \\ -1 & 0 & -2 & 1 & 3 & | & 5 \\ 0 & 1 & -1 & 0 & 1 & | & 3 \end{bmatrix} \longrightarrow \begin{bmatrix} 1 & 0 & 2 & 0 & -1 & | & -2 \\ 0 & 1 & -1 & 0 & 1 & | & 2 \\ 0 & 0 & 0 & 1 & 2 & | & 3 \\ 0 & 1 & -1 & 0 & 1 & | & 3 \end{bmatrix}$$

$$\longrightarrow \begin{bmatrix} 1 & 0 & 2 & 0 & -1 & | & -2 \\ 0 & 1 & -1 & 0 & 1 & | & 2 \\ 0 & 0 & 0 & 1 & 2 & | & 3 \\ 0 & 0 & 0 & 0 & 0 & | & 1 \end{bmatrix} \longrightarrow \begin{bmatrix} 1 & 0 & 2 & 0 & -1 & | & 0 \\ 0 & 1 & -1 & 0 & 1 & | & 0 \\ 0 & 0 & 0 & 1 & 2 & | & 0 \\ 0 & 0 & 0 & 0 & 0 & | & 1 \end{bmatrix}$$

よって, この連立 1 次方程式は

$$\begin{bmatrix} 1 & 0 & 2 & 0 & -1 \\ 0 & 1 & 1 & 0 & 1 \\ 0 & 0 & 0 & 1 & 2 \\ 0 & 0 & 0 & 0 & 0 \end{bmatrix} \begin{bmatrix} x \\ y \\ z \\ u \\ v \end{bmatrix} = \begin{bmatrix} 0 \\ 0 \\ 0 \\ 1 \end{bmatrix} \quad \text{より} \quad \begin{cases} x + 2z - v = 0 \\ y - z + v = 0 \\ u + 2v = 0 \\ 0 = 1 \end{cases}$$

と簡単にできるが, 第 4 式　$0 = 1$　の矛盾からこの連立 1 次方程式を満たす x, y, z の値は存在しない. よって, この連立 1 次方程式は 解なし である.

[別解]　例題 6.1 の係数行列を A, 定数項ベクトルを B とすると,

$$\operatorname{rank} A = 3, \qquad \operatorname{rank} \begin{bmatrix} A & | & B \end{bmatrix} = 4$$

であるから, 定理 6.1 よりこの連立 1 次方程式は 解なし であるとわかる.

問題 6.1 次の連立1次方程式はそれぞれ 解なし であることを証明しなさい.

(1) $\begin{cases} x + 2y = 3 \\ 2x + 4y = 7 \end{cases}$ (2) $\begin{cases} x - y + z = -1 \\ 3x - 3y + 4z = -2 \\ 3x - 3y + z = -4 \end{cases}$

[解答] 詳しい解説は演習書 p.69 を参照のこと.

6−3 不定解

これまで2つのケースについて検討してきたが, そのどちらにも当てはまらない場合について考える.

例 6.3 $\begin{cases} x + 2y + 2z = 3 \\ 2x + 5y + 3z = 1 \\ 3x + 7y + 5z = 4 \\ 4x + 10y + 6z = 2 \end{cases}$ を計算せよ.

この連立1次方程式の拡大係数行列を簡約化してみよう.

$$\begin{bmatrix} 1 & 2 & 2 & 3 \\ 2 & 5 & 3 & 1 \\ 3 & 7 & 5 & 4 \\ 4 & 10 & 6 & 2 \end{bmatrix} \longrightarrow \begin{bmatrix} 1 & 2 & 2 & 3 \\ 0 & 1 & -1 & -5 \\ 0 & 1 & -1 & -5 \\ 0 & 2 & -2 & -10 \end{bmatrix} \longrightarrow \begin{bmatrix} 1 & 0 & 4 & 13 \\ 0 & 1 & -1 & -5 \\ 0 & 0 & 0 & 0 \\ 0 & 0 & 0 & 0 \end{bmatrix}$$

3, 4 行目は零行ベクトルなので無視して書き直すと

$$\begin{bmatrix} 1 & 0 & 4 & 13 \\ 0 & 1 & -1 & -5 \end{bmatrix}$$

となる. このうち係数行列部分 (縦線の左側) は

(1) 成分が 0 のみの行がない

   もしそのようなことがあれば最後の行であり, その右端 (定数項ベクトル

の部分) には 0 でない値が来ることになって, その場合には 6-2 節で述べた「解なし」になる.

(2)　単位行列ではない

　　係数行列部分が単位行列であるときには 6-1 節で述べたようにただ 1 組の解が定まる.

すなわち, 6-1 節, 6-2 節のどちらのケースにも当てはまらない. さらにこのようなケースでは, 係数行列部分は必ず 横長 になることがわかる [2].

　簡約化された拡大係数行列に対応する連立 1 次方程式は

$$\begin{bmatrix} 1 & 0 & 4 \\ 0 & 1 & -1 \\ 0 & 0 & 0 \\ 0 & 0 & 0 \end{bmatrix} \begin{bmatrix} x \\ y \\ z \end{bmatrix} = \begin{bmatrix} 13 \\ -5 \\ 0 \\ 0 \end{bmatrix} \quad \text{より} \quad \begin{cases} x + 4z = 13 \\ y - z = -5 \\ 0 = 0 \\ 0 = 0 \end{cases}$$

であるが, 第 3,4 式　$0 = 0$　は意味をもたないので, 実質 2 つの 1 次方程式

$$\begin{cases} x + 4z = 13 \\ y - z = -5 \end{cases}$$

を満たす x, y, z の組み合わせすべてがこの連立 1 次方程式の解となる.

　このすべての組み合わせをどう表現するかについては後回しにして, このことを (拡大) 係数行列の階数の観点から検討してみよう. まず 6-2 節で検討したことからわかるように, このケースでは

　　　　　　　拡大係数行列の階数　＝　係数行列の階数

となるはずである.

　一方で, 係数行列部分は横長, すなわち 行数 < 列数 である. 列数は未知数の個数であり, 階数は行数以下 [3] であるから,

---

[2] (1) から縦長にはなり得ないし, (2) も合わせれば正方行列にもならない. ただし, 横長だからといってこのケースになるとは限らない.

[3] 階数は主成分をもつ行の数. このケースでは特に 行数 ＝ 階数 となる.

(拡大) 係数行列の階数　＜　未知数の個数

とわかる. これらをまとめると次の定理を得る.

定理 6.2　(解が無数に存在する連立 1 次方程式)

連立 1 次方程式　$AX = B$　において,

$$\text{rank} \begin{bmatrix} A & | & B \end{bmatrix} \; = \; \text{rank}\, A \; < \; \boxed{未知数の数}$$

が成り立つとき, この連立 1 次方程式の解 X は 無数に存在 する.

⚡**注意**　係数行列の階数 $\text{rank}\, A$ が「本質的な方程式の数」を表している.

さらに上の考察から次のこともわかる.

定理 6.3　(解がただ 1 組存在する連立 1 次方程式)

連立 1 次方程式　$AX = B$　において,

$$\text{rank} \begin{bmatrix} A & | & B \end{bmatrix} \; = \; \text{rank}\, A \; = \; \boxed{未知数の数}$$

となるとき, 連立 1 次方程式 $AX = B$ は ただ 1 組の解 をもつ.

解の個数についての判定方法は明らかになったが, 具体的に解を表すことを考えよう. 例 6.3 で得られた結論の連立方程式を変形すると

$$\begin{cases} x + 4z = 13 \\ y - z = -5 \end{cases} \iff \begin{cases} x = -4z + 13 \\ y = z - 5 \end{cases}$$

となる. これらを同時に満たすような x, y, z の組がすべて解になるわけだから,

$$z = 0 \text{ のときに } \quad x = 13, \; y = -5 \quad \text{と決める}$$
$$z = 1 \text{ のときに } \quad x = 9, \; y = -4 \quad \text{と決める}$$
$$z = 2 \text{ のときに } \quad x = 5, \; y = -3 \quad \text{と決める}$$

$$z = 3 \text{ のときに } x = 1, \ y = -2 \text{ と決める}$$

$$\cdots \quad \cdots$$

としてやればどれも解になるので，解が無数に存在することはわかるであろう．

さらにこのことを一般化して

$$\begin{cases} x = -4c + 13 \\ y = c - 5 \qquad\qquad (c \text{ は実数}) \\ z = c \end{cases}$$

と表すこともできる．

実はこの結論の表し方は 1 通りではない．たとえば

$$\begin{cases} x = p \\ y = -\frac{x}{4} - \frac{7}{4} \quad (p \text{ は実数}), \\ z = -\frac{x}{4} + \frac{13}{4} \end{cases} \qquad \begin{cases} x = -4q - 7 \\ y = q \qquad\qquad (q \text{ は実数}) \\ z = q - 5 \end{cases}$$

などと表現することもできる[4]．さらにほかの可能性もあるが，それらはすべて数学的には正しい．

ここでは次の例題をもとに，おそらく最も表記が簡単になると思われる方法を紹介する．

例題 6.2　$x, \ y, \ z, \ u, \ v$ の 5 つを未知数とする次の連立 1 次方程式を解きなさい．

$$\begin{cases} x + y + 2z - u = 3 \\ 2x + y + 3z - u + v = 1 \\ -x - y - 2z + 2v = 5 \\ y + z - u - v = 5 \end{cases}$$

---

[4] それぞれもとの連立方程式に代入して確かめよ．

[**解答**]　拡大係数行列を簡約化する.

$$
\begin{bmatrix}
1 & 1 & 2 & -1 & 0 & 3 \\
2 & 1 & 3 & -1 & 1 & 1 \\
-1 & -1 & -2 & 0 & 2 & 5 \\
0 & 1 & 1 & -1 & -1 & 5
\end{bmatrix}
\longrightarrow
\begin{bmatrix}
1 & 1 & 2 & -1 & 0 & 3 \\
0 & -1 & -1 & 1 & 1 & -5 \\
0 & 0 & 0 & -1 & 2 & 8 \\
0 & 1 & 1 & -1 & -1 & 5
\end{bmatrix}
$$

$$
\longrightarrow
\begin{bmatrix}
1 & 0 & 1 & 0 & 1 & -2 \\
0 & 1 & 1 & -1 & -1 & 5 \\
0 & 0 & 0 & -1 & 2 & 8 \\
0 & 0 & 0 & 0 & 0 & 0
\end{bmatrix}
\longrightarrow
\begin{bmatrix}
1 & 0 & 1 & 0 & 1 & -2 \\
0 & 1 & 1 & 0 & -3 & -3 \\
0 & 0 & 0 & 1 & -2 & -8 \\
0 & 0 & 0 & 0 & 0 & 0
\end{bmatrix}
$$

よって, この連立 1 次方程式は

$$
\begin{cases}
x + z + v = -2 \\
y + z - 3v = -3 \\
u - 2v = -8 \\
0 = 0
\end{cases}
$$

と簡単にできる. 未知数の数は 5 で, 本質的な方程式の数は 3 であるから, 定理 6.2 よりこの連立 1 次方程式の解は無数に存在する. 本書では以下のポイントに沿って, 無数の解を表記することにする.

無数の解を表記するポイント

連立 1 次方程式の拡大係数行列を簡約化し, 定理 6.2 より解が無数に存在することがわかったら, 以下のように解を表記する.

(1) 簡約化した拡大係数行列の主成分にマークを付ける.

(2) 簡約化した拡大係数行列をもとに, 連立 1 次方程式の形で具体的に書き表す. その際, 主成分に対応する未知数にもマークを付ける.

(3) 主成分に対応しない未知数 (マークの付いていない未知数) に, 実数を表す文字 (例えば, c_1, c_2, c_3 など) を代入する.

(4) 主成分に対応する未知数 (マークの付いた未知数) を, (3) で代入した文字で表す.

(5) (3) と (4) を未知数の順にまとめれば, それが解である.

まず, ポイントの (1) として, 簡約化した拡大係数行列の主成分にマークを付けよう.

$$\left[\begin{array}{ccccc|c} \boxed{1} & 0 & 1 & 0 & 1 & -2 \\ 0 & \boxed{1} & 1 & 0 & -3 & -3 \\ 0 & 0 & 0 & \boxed{1} & -2 & -8 \\ 0 & 0 & 0 & 0 & 0 & 0 \end{array}\right]$$

次に, ポイントの (2) として, この拡大係数行列を連立 1 次方程式の形で表そう. その際, 主成分に対応する未知数にマークを付ける.

$$\begin{cases} \boxed{x} + z + v = -2 \\ \boxed{y} + z - 3v = -3 \\ \boxed{u} - 2v = -8 \\ \quad\quad 0 = 0 \end{cases}$$

続いて, ポイントの (3) として, 主成分に対応しない未知数 (マークの付いていない未知数) に, 実数を表す文字を代入する. マークの付いていない未知数は z, v であるから

$$z = c_1, \quad v = c_2 \quad (c_1, c_2 \in \mathbb{R}) \quad とおく.$$

次に, ポイントの (4) として, 主成分に対応する未知数 (マークの付いた未知数) を先ほど代入した文字で表す. マークの付いた未知数の係数はすべて 1 なので[5], 先の連立 1 次方程式の表記から簡単に

$$\begin{cases} \boxed{x} = -c_1 - c_2 - 2 \\ \boxed{y} = -c_1 + 3c_2 - 3 \\ \boxed{u} = 2c_2 - 8 \end{cases}$$

と表せる.

---

[5] これがこの表記の方法の一番のポイントである. 簡約化したあとの主成分はすべて 1 であるから, 主成分に対応する未知数の係数は必ずどれも 1 となる. 係数が 1 だと解を表示しやすい.

最後にポイントの (5) として未知数を順にまとめると, 連立 1 次方程式の解は

$$
\begin{cases}
\boxed{x} = -2c_1 + c_2 - 2 \\
\boxed{y} = c_1 - c_2 + 2 \\
z = c_1 \qquad\qquad (c_1,\ c_2 \in \mathbb{R}) \\
\boxed{u} = -2c_2 + 3 \\
v = c_2
\end{cases}
$$

である.

注意 例題 6.2 では, 連立 1 次方程式が無数の解をもつことを未知数の数と本質的な方程式の数から確定させたが, 以下のように具体的に階数を求めて結論付けてもよい. 係数行列を A, 拡大係数行列を $\left[\ A\ \middle|\ B\ \right]$ とすると,

$$
\mathrm{rank}\,A = 3, \qquad \mathrm{rank}\left[\ A\ \middle|\ B\ \right] = 3, \qquad \boxed{\boxed{\text{未知数の数}}} = 5
$$

より

$$
\mathrm{rank}\left[\ A\ \middle|\ B\ \right] = 3 = \mathrm{rank}\,A < 5 = \boxed{\boxed{\text{未知数の数}}}
$$

であるから, 定理 6.2 の式を満たしていることがわかる.

問題 6.2 次の連立 1 次方程式を解きなさい.

(1) $\begin{cases} x + 3y = 1 \\ 2x + 6y = 2 \end{cases}$
　　(2) $\begin{cases} x - y + z = -1 \\ 3x - 3y + 4z = -2 \\ 3x - 3y + 2z = -4 \end{cases}$

(3) $\begin{cases} x + 2y - 3z = 1 \\ 2x + 5y - 10z = 3 \\ x + y + z = 0 \end{cases}$
　　(4) $\begin{cases} x + y - 2z = 2 \\ 3x + 3y - 6z = 6 \\ 2x + 2y - 4z = 4 \end{cases}$

[**解答**] 詳しい解説は演習書 p.70〜73 を参照のこと.

(1) $\begin{cases} x = -3c + 1 \\ y = c \end{cases}$ 　　　(2) $\begin{cases} x = c - 2 \\ y = c \\ z = 1 \end{cases}$

(3) $\begin{cases} x = -5c - 1 \\ y = 4c + 1 \\ z = c \end{cases}$ 　　　(4) $\begin{cases} x = -c_1 + 2c_2 + 2 \\ y = c_1 \\ z = c_2 \end{cases}$

ただし $c,\, c_1,\, c_2 \in \mathbb{R}$ である.

章末問題 6

章末問題 6.1　次の各問に答えなさい.

1 次の連立 1 次方程式はすべて 解なし である. このことを証明しなさい.

(1) $\begin{cases} 4x + 8y = 3 \\ 3x + 6y = 3 \end{cases}$ 　　　(2) $\begin{cases} 2x + 3y = 5 \\ 6x + 9y = 10 \end{cases}$

(3) $\begin{cases} 4x + 6y = 10 \\ 6x + 9y = 16 \end{cases}$ 　　　(4) $\begin{cases} x + y + z = 3 \\ 2x + 2y + 2z = 4 \end{cases}$

(5) $\begin{cases} x - 2y + 3z = 2 \\ 3x - 6y + 9z = 3 \end{cases}$ 　　　(6) $\begin{cases} x + y - z = 1 \\ 2x + 3y - 4z = 1 \\ 3x + y + z = 6 \end{cases}$

(7) $\begin{cases} x + 3y + 4z = 2 \\ x + 4y + 5z = 3 \\ 2x + 8y + 10z = 7 \end{cases}$ 　　　(8) $\begin{cases} x + 3y + 5z = 1 \\ x + 4y + 6z = 2 \\ 2x + 7y + 11z = 5 \end{cases}$

$$(9)\begin{cases} 2x + 8y - 6z = 11 \\ x + 3y - 2z = 4 \\ x + 4y - 3z = 5 \end{cases} \qquad (10)\begin{cases} x + 2y + z = 2 \\ 3x + 6y + 4z = 7 \\ 3x + 6y + z = 5 \end{cases}$$

[**解答**] $\boxed{1}$ 証明は省略するが，参考までに拡大係数行列を簡約化したものを記す．

$(1)\begin{bmatrix} 1 & 2 & \big| & 0 \\ 0 & 0 & \big| & 1 \end{bmatrix}$ $\quad(2)\begin{bmatrix} 1 & \frac{3}{2} & \big| & 0 \\ 0 & 0 & \big| & 1 \end{bmatrix}$ $\quad(3)\begin{bmatrix} 1 & \frac{3}{2} & \big| & 0 \\ 0 & 0 & \big| & 1 \end{bmatrix}$

$(4)\begin{bmatrix} 1 & 1 & 1 & \big| & 0 \\ 0 & 0 & 0 & \big| & 1 \end{bmatrix}$ $\quad(5)\begin{bmatrix} 1 & -2 & 3 & \big| & 0 \\ 0 & 0 & 0 & \big| & 1 \end{bmatrix}$

$(6)\begin{bmatrix} 1 & 0 & 1 & \big| & 0 \\ 0 & 1 & -2 & \big| & 0 \\ 0 & 0 & 0 & \big| & 1 \end{bmatrix}$ $\quad(7)\begin{bmatrix} 1 & 0 & 1 & \big| & 0 \\ 0 & 1 & 1 & \big| & 0 \\ 0 & 0 & 0 & \big| & 1 \end{bmatrix}$ $\quad(8)\begin{bmatrix} 1 & 0 & 2 & \big| & 0 \\ 0 & 1 & 1 & \big| & 0 \\ 0 & 0 & 0 & \big| & 1 \end{bmatrix}$

$(9)\begin{bmatrix} 1 & 0 & 1 & \big| & 0 \\ 0 & 1 & -1 & \big| & 0 \\ 0 & 0 & 0 & \big| & 1 \end{bmatrix}$ $\quad(10)\begin{bmatrix} 1 & 2 & 0 & \big| & 0 \\ 0 & 0 & 1 & \big| & 0 \\ 0 & 0 & 0 & \big| & 1 \end{bmatrix}$

$\boxed{2}$ 次の連立 1 次方程式を解きなさい．

$$(1)\begin{cases} x - 2y = 1 \\ 2x - 4y = 2 \end{cases} \qquad (2)\begin{cases} x + 6y = 4 \\ 6x + 36y = 24 \end{cases}$$

$$(3)\begin{cases} x + 3y + 4z = -2 \\ x + 4y + 5z = -3 \\ -x - y - 2z = 0 \end{cases} \qquad (4)\begin{cases} x + y + 3z = -2 \\ 2x + 2y + 7z = -5 \\ x + y + 5z = -4 \end{cases}$$

$$(5)\begin{cases} x + y + 3z + 4w = -2 \\ 2x + 2y + 7z + 9w = -5 \\ x + y + 5z + 6w = -4 \end{cases} \qquad (6)\begin{cases} x + z + w = 0 \\ 2x + y + 3z + 3w = 0 \\ x + y + 2z + 3w = -1 \\ x + 2y + 3z + 4w = -1 \end{cases}$$

[解答] $\boxed{2}$　(1) $\begin{cases} x = 2c + 1 \\ y = c \end{cases}$　　　　(2) $\begin{cases} x = -6c + 4 \\ y = c \end{cases}$

(3) $\begin{cases} x = -c + 1 \\ y = -c - 1 \\ z = c \end{cases}$　(4) $\begin{cases} x = -c + 1 \\ y = c \\ z = -1 \end{cases}$

(5) $\begin{cases} x = -c_1 - c_2 + 1 \\ y = c_1 \\ z = -c_2 - 1 \\ w = c_2 \end{cases}$　(6) $\begin{cases} x = -c + 1 \\ y = -c + 1 \\ z = c \\ w = -1 \end{cases}$

ただし $c, c_1, c_2 \in \mathbb{R}$.

章末問題 6.2　次の各問に答えなさい.

(1)　次の連立 1 次方程式を解きなさい.

$$\begin{cases} x + 2y + z - 4v = 9 \\ 2x + y - z + 3u - 2v = 9 \\ 2x + 3y + z + u - 6v = 16 \\ x - y - 2z + 3u + 2v = 0 \end{cases}$$

(2)　例題 6.2 では, 連立 1 次方程式の解を p.103 のポイントに従って求めた. では, そのポイントの (3) を無視し, 主成分に対応する未知数のうち x, y の 2 つを c_1, c_2 (c_1, $c_2 \in \mathbb{R}$) と置くと, 解はどのように表記できるか?

(3)　2 本足のツル と 4 本足のカメ と 6 本足のカブトムシ が少なくとも 1 体 ずつ, あわせて 10 体 いた. また, それらの足の合計は 44 本 であった.
　　このとき, ツル と カメ と カブトムシ は それぞれ 何体いたか? 考えられる組み合わせをすべて求めなさい.

ヒント　(1)　拡大係数行列を簡約化する.

(2)　拡大係数行列から連立 1 次方程式で具体的に表したあと, 問題の指示に

従って代入する.

(3) ツルの数を x などと置いて方程式を作り, 掃き出し法で解く. 解は無数に存在するように思われるが, 問題文にあった解の組み合わせは有限である.

[**解答**] 詳しい解説は演習書 p.76〜79 を参照のこと.

(1) 解なし   (2)
$$
\begin{cases}
x = c_1 \\
y = c_2 \\
z = \dfrac{5}{4}c_1 - \dfrac{1}{4}c_2 - \dfrac{9}{4} \\
u = -\dfrac{1}{2}c_1 + \dfrac{1}{2}c_2 - \dfrac{15}{2} \\
v = -\dfrac{1}{4}c_1 + \dfrac{1}{4}c_2 + \dfrac{1}{4}
\end{cases}
\quad (c_1,\ c_2 \in \mathbb{R})
$$

と得られる.

(3) $(\text{ツル}, \text{カメ}, \text{カブトムシ}) = (1,6,3),\ (2,4,4),\ (3,2,5)$

第7章 逆行列とその応用

これまで行列についてはその和, 差, 積を定め, その性質と応用について考えてきた. 次に商 (割り算) についても考えたいが, 積については掛け算の順序交換が一般にはできないなど, これまで知っていた数の性質とは異なる部分があったように, 割り算についても丁寧に考えなくてはならない.

実数においては, 割り算とは逆数を掛けることと同等であった. この章ではこの行列の世界において, その「逆数」に相当する 逆行列 を考える. そしてその応用として連立 1 次方程式との関連, さらに進んで, 経済学などで現れる産業連関問題について紹介する.

逆行列を求める計算においては, 第 5 章で学んだ簡約化が重要なポイントとなる.

7–1　逆行列とは

$a,\ b \in \mathbb{R}$ とする. 1 次方程式 $ax = b$ を解くとき, $a \neq 0$ であれば両辺を a で割って

$$x = \frac{b}{a}$$

とすれば解が求まった. 連立 1 次方程式 $AX = B$ でも同じような操作で解を求めることは可能だろうか？ 答えは, 係数行列がある性質を満たしていれば可能である. 具体的にどのような性質なのか調べてみよう.

$n \in \mathbb{N}$ とし, A を n 次正方行列 ($n \times n$ 行列), E を n 次単位行列 ($n \times n$ の単位行列) とする. n 次正方行列 B が

$$AB = BA = E$$

を満たすとき, B を A の 逆行列 といい, A^{-1} で表す. つまり,

$$AA^{-1} = A^{-1}A = E$$

が成り立つ. 逆行列は正方行列 (行数と列数が同じ行列) に対してのみ定義されることに注意する. また, 逆行列をもつことを 正則 であるといい, 逆行列をもつ行列のことを 正則行列 という[1]. n 次正方行列 A が正則行列であるとき,

$$\mathrm{rank}\, A = n$$

を満たす. いま, A は n 次正方行列であるから, この式は A を簡約化した行列が (n 次) 単位行列となることを表している. だが, どの正方行列を簡約化しても必ずしも単位行列とはならないことは, いままでの経験からわかるだろう. つまり, 逆行列は必ず存在するわけではないのである. また, ある行列の逆行列が存在するとき, それはただ 1 つしか存在しないことも知られている[2].

　では実際に, どのようにして逆行列を求めるのか, ここでは基本変形を利用した逆行列の求め方を紹介する. 理解しやすいよう 2 次正方行列で考えるが, 一般の 3 次以上の正方行列でも同様である.

　A を 2 次正則行列 $\begin{bmatrix} a & b \\ c & d \end{bmatrix}$, E を 2 次単位行列 $\begin{bmatrix} 1 & 0 \\ 0 & 1 \end{bmatrix}$ とする. A の逆行列を $\begin{bmatrix} p & q \\ r & s \end{bmatrix}$ とすると, 定義から

$$\begin{bmatrix} a & b \\ c & d \end{bmatrix} \begin{bmatrix} p & q \\ r & s \end{bmatrix} = \begin{bmatrix} 1 & 0 \\ 0 & 1 \end{bmatrix}$$

である. 左辺右側の行列を列ベクトルに分割して考えると, 右辺も列ベクトルに分割され

$$\begin{bmatrix} a & b \\ c & d \end{bmatrix} \left[\begin{array}{c|c} p & q \\ r & s \end{array}\right] = \left[\begin{array}{c|c} 1 & 0 \\ 0 & 1 \end{array}\right]$$

となり,

---

[1] 正則行列は, 定義から正方行列に限ることがわかる.

[2] もし逆行列が 2 つ存在するならば, それらは一致することを証明すればよい.

$$\begin{bmatrix} a & b \\ c & d \end{bmatrix}\begin{bmatrix} p \\ r \end{bmatrix} = \begin{bmatrix} 1 \\ 0 \end{bmatrix}, \quad \begin{bmatrix} a & b \\ c & d \end{bmatrix}\begin{bmatrix} q \\ s \end{bmatrix} = \begin{bmatrix} 0 \\ 1 \end{bmatrix}$$

が成り立つ. ここで, 2 組の連立 1 次方程式

$$\begin{bmatrix} a & b \\ c & d \end{bmatrix}\begin{bmatrix} x_1 \\ y_1 \end{bmatrix} = \begin{bmatrix} 1 \\ 0 \end{bmatrix}, \quad \begin{bmatrix} a & b \\ c & d \end{bmatrix}\begin{bmatrix} x_2 \\ y_2 \end{bmatrix} = \begin{bmatrix} 0 \\ 1 \end{bmatrix}$$

を考えると, これらの解は上の式から

$$\begin{bmatrix} x_1 \\ y_1 \end{bmatrix} = \begin{bmatrix} p \\ r \end{bmatrix}, \quad \begin{bmatrix} x_2 \\ y_2 \end{bmatrix} = \begin{bmatrix} q \\ s \end{bmatrix}$$

であることがわかる. このことを拡大係数行列の簡約化として考えると

$$\left[\begin{array}{cc|c} a & b & 1 \\ c & d & 0 \end{array}\right] \xrightarrow{\text{簡約化}} \left[\begin{array}{cc|c} 1 & 0 & p \\ 0 & 1 & r \end{array}\right], \quad \left[\begin{array}{cc|c} a & b & 0 \\ c & d & 1 \end{array}\right] \xrightarrow{\text{簡約化}} \left[\begin{array}{cc|c} 1 & 0 & q \\ 0 & 1 & s \end{array}\right]$$

とみることができる. ここで, これら 2 つの簡約化を同時に行うと (基本変形は行に関してのみの変形なので列ベクトルをあわせることは問題ない)

$$\left[\begin{array}{cc|cc} a & b & 1 & 0 \\ c & d & 0 & 1 \end{array}\right] \xrightarrow{\text{簡約化}} \left[\begin{array}{cc|cc} 1 & 0 & p & q \\ 0 & 1 & r & s \end{array}\right]$$

となる. $\begin{bmatrix} p & q \\ r & s \end{bmatrix}$ は A の逆行列であるから

$$\left[\begin{array}{c|c} A & E \end{array}\right] \xrightarrow{\text{簡約化}} \left[\begin{array}{c|c} E & A^{-1} \end{array}\right]$$

と変形されることがわかる. つまり, A と, A と同じ型の単位行列 E をあわせた行列を簡約化すると, その行列の左半分が単位行列 E, 右半分が逆行列 A^{-1} になるのである. もし, A が正則行列でないときは, 簡約化したあとの左半分が単位行列とはならない.

例題 7.1　　　次の行列の逆行列を求めなさい. 存在しないときはそのように答えなさい.

(1) $A = \begin{bmatrix} 1 & 2 \\ 2 & 3 \end{bmatrix}$　　(2) $B = \begin{bmatrix} 1 & 2 \\ 2 & 4 \end{bmatrix}$　　(3) $C = \begin{bmatrix} 1 & -1 & 1 \\ -1 & 1 & -2 \\ 1 & -2 & 1 \end{bmatrix}$

[解答]　各行列と同じ型の単位行列をあわせ, 簡約化する.

(1)　基本変形の様子を行列形式で表示すると, 次のとおりである.

$$\left[\begin{array}{cc|cc} 1 & 2 & 1 & 0 \\ 2 & 3 & 0 & 1 \end{array}\right] \longrightarrow \left[\begin{array}{cc|cc} 1 & 2 & 1 & 0 \\ 0 & -1 & -2 & 1 \end{array}\right]$$

$$\longrightarrow \left[\begin{array}{cc|cc} 1 & 2 & 1 & 0 \\ 0 & 1 & 2 & -1 \end{array}\right] \longrightarrow \left[\begin{array}{cc|cc} 1 & 0 & -3 & 2 \\ 0 & 1 & 2 & -1 \end{array}\right]$$

簡約化したあとの左半分が単位行列になったので, 求める逆行列は

$$A^{-1} = \begin{bmatrix} -3 & 2 \\ 2 & -1 \end{bmatrix}$$

である[3].

(2)　基本変形の様子を行列形式で表示すると, 次のとおりである.

$$\left[\begin{array}{cc|cc} 1 & 2 & 1 & 0 \\ 2 & 4 & 0 & 1 \end{array}\right] \longrightarrow \left[\begin{array}{cc|cc} 1 & 2 & 1 & 0 \\ 0 & 0 & -2 & 1 \end{array}\right]$$

$$\longrightarrow \left[\begin{array}{cc|cc} 1 & 2 & 1 & 0 \\ 0 & 0 & 1 & -\dfrac{1}{2} \end{array}\right] \longrightarrow \left[\begin{array}{cc|cc} 1 & 2 & 0 & \dfrac{1}{2} \\ 0 & 0 & 1 & -\dfrac{1}{2} \end{array}\right]$$

簡約化したあとの左半分が単位行列にならなかったので, 逆行列 B^{-1} は**存在しない**.

---

[3] 実際に AA^{-1} および $A^{-1}A$ を計算して確かめよう.

(3)   基本変形の様子を行列形式で表示すると, 次のとおりである.

$$\left[\begin{array}{ccc|ccc} 1 & -1 & 1 & 1 & 0 & 0 \\ -1 & 1 & -2 & 0 & 1 & 0 \\ 1 & -2 & 1 & 0 & 0 & 1 \end{array}\right] \longrightarrow \left[\begin{array}{ccc|ccc} 1 & -1 & 1 & 1 & 0 & 0 \\ 0 & 0 & -1 & 1 & 1 & 0 \\ 0 & -1 & 0 & -1 & 0 & 1 \end{array}\right]$$

$$\longrightarrow \left[\begin{array}{ccc|ccc} 1 & -1 & 1 & 1 & 0 & 0 \\ 0 & -1 & 0 & -1 & 0 & 1 \\ 0 & 0 & -1 & 1 & 1 & 0 \end{array}\right] \longrightarrow \left[\begin{array}{ccc|ccc} 1 & -1 & 1 & 1 & 0 & 0 \\ 0 & 1 & 0 & 1 & 0 & -1 \\ 0 & 0 & 1 & -1 & -1 & 0 \end{array}\right]$$

$$\longrightarrow \left[\begin{array}{ccc|ccc} 1 & 0 & 1 & 2 & 0 & -1 \\ 0 & 1 & 0 & 1 & 0 & -1 \\ 0 & 0 & 1 & -1 & -1 & 0 \end{array}\right] \longrightarrow \left[\begin{array}{ccc|ccc} 1 & 0 & 0 & 3 & 1 & -1 \\ 0 & 1 & 0 & 1 & 0 & -1 \\ 0 & 0 & 1 & -1 & -1 & 0 \end{array}\right]$$

簡約化したあとの左半分が単位行列になったので, 求める逆行列は

$$C^{-1} = \begin{bmatrix} 3 & 1 & -1 \\ 1 & 0 & -1 \\ -1 & -1 & 0 \end{bmatrix}$$

である.

問題 7.1   次の行列の逆行列を求めなさい. 存在しないときはそのように
答えなさい.

(1) $A = \begin{bmatrix} 1 & 3 \\ 2 & 5 \end{bmatrix}$ (2) $B = \begin{bmatrix} 6 & -4 \\ -9 & 6 \end{bmatrix}$

(3) $C = \begin{bmatrix} 2 & 5 & -3 \\ -2 & -6 & 3 \\ 1 & 3 & -1 \end{bmatrix}$ (4) $D = \begin{bmatrix} 2 & -1 & 5 \\ 0 & 1 & 1 \\ 1 & 0 & 3 \end{bmatrix}$

[解答]   詳細は演習書 p.81~83 を参照のこと.

(1)　$A^{-1} = \begin{bmatrix} -5 & 3 \\ 2 & -1 \end{bmatrix}$　　　　(2)　B^{-1} は存在しない

(3)　$C^{-1} = \begin{bmatrix} 3 & 4 & 3 \\ -1 & -1 & 0 \\ 0 & 1 & 2 \end{bmatrix}$　　　(4)　D^{-1} は存在しない

7–2　逆行列を利用した連立 1 次方程式の解法

　ここでは逆行列を利用して連立 1 次方程式を解くことを考える．どんな行列についても逆行列が存在するとは限らないので，この方法が使えるのは係数行列が正則であるときに限定 されることに注意しよう．

　連立 1 次方程式　$AX = B$　において，係数行列 A は正則である，つまり逆行列をもつような正方行列とする．このとき，この連立 1 次方程式の両辺に左から A^{-1} をかけると

$$A^{-1}AX = A^{-1}B$$

となる．逆行列の定義より　$A^{-1}A = E$　であることから次の解法が得られる[4]．

定理 7.1　(逆行列を利用した連立 1 次方程式の解法)

　連立 1 次方程式 $AX = B$ において A が正則行列ならば解はただ 1 組存在し

$$X = A^{-1}B$$

である．

---

[4] 係数行列が正則でない場合は，逆行列が存在しないのでこの方法で解を求めることはできない．そのようなときは第 6 章で述べたように拡大係数行列の簡約化などで解く．

> **例題 7.2** 逆行列を利用して, 連立 1 次方程式
> $$\begin{cases} x - y + z = 2 \\ -x + y - 2z = -5 \\ x - 2y + z = 0 \end{cases}$$
> を解きなさい.

[**解答**]　まずは与えられた連立 1 次方程式を行列で表そう.

$$A = \begin{bmatrix} 1 & -1 & 1 \\ -1 & 1 & -2 \\ 1 & -2 & 1 \end{bmatrix}, \qquad X = \begin{bmatrix} x \\ y \\ z \end{bmatrix}, \qquad B = \begin{bmatrix} 2 \\ -5 \\ 0 \end{bmatrix}$$

とすると, 与えられた連立 1 次方程式は $AX = B$ である. この係数行列 A の逆行列は 例題 7.1(3) ですでに求めており, それは

$$A^{-1} = \begin{bmatrix} 3 & 1 & -1 \\ 1 & 0 & -1 \\ -1 & -1 & 0 \end{bmatrix}$$

である. よって, 求める解は

$$X = A^{-1}B = \begin{bmatrix} 3 & 1 & -1 \\ 1 & 0 & -1 \\ -1 & -1 & 0 \end{bmatrix} \begin{bmatrix} 2 \\ -5 \\ 0 \end{bmatrix} = \begin{bmatrix} \mathbf{1} \\ \mathbf{2} \\ \mathbf{3} \end{bmatrix}$$

である.

> **問題 7.2** 逆行列を利用して, 次の連立 1 次方程式を解きなさい.
>
> (1) $\begin{cases} x + 2y = 3 \\ 2x + 3y = 5 \end{cases}$　　　　(2) $\begin{cases} x + 3y = 7 \\ 2x + 5y = 12 \end{cases}$

$$
(3) \begin{cases} 2x + 5y - 3z = -5 \\ -2x - 6y + 3z = 6 \\ x + 3y - z = -2 \end{cases} \qquad (4) \begin{cases} 2x - y + 5z = -4 \\ y + 2z = 5 \\ x + 3z = 1 \end{cases}
$$

[**解答**] 詳しい解説は演習書 p.83〜85 を参照のこと.

$$
(1) \begin{cases} x = 1 \\ y = 1 \end{cases} \quad (2) \begin{cases} x = 1 \\ y = 2 \end{cases} \quad (3) \begin{cases} x = 3 \\ y = -1 \\ z = 2 \end{cases} \quad (4) \begin{cases} x = 4 \\ y = 7 \\ z = -1 \end{cases}
$$

さて, これまでは逆行列を用いて連立方程式を解く方法について述べてきたが, 逆の見方をすることもできる. 問題 4.3 (p.69) の結果を改めて検討してみよう.

ここでは一般的に通用する方法として, 掃き出し法を用いた逆行列の求め方を述べたが, 2 次の正方行列の逆行列については別の角度からみることもできる.

問題 4.3 (p.69) の結果を用いると, 2 次正方行列 $A = \begin{bmatrix} a & b \\ c & d \end{bmatrix}$ が正則である必要十分な条件は $ad - bc \neq 0$ であることがわかる. さらに $\begin{bmatrix} u \\ v \end{bmatrix} = \begin{bmatrix} 1 \\ 0 \end{bmatrix}$ の場合と $\begin{bmatrix} u \\ v \end{bmatrix} = \begin{bmatrix} 0 \\ 1 \end{bmatrix}$ の場合を考えることによって,

$$
A^{-1} = \begin{bmatrix} \dfrac{d}{ad-bc} & \dfrac{-b}{ad-bc} \\ \dfrac{-c}{ad-bc} & \dfrac{a}{ad-bc} \end{bmatrix} = \frac{1}{ad-bc} \begin{bmatrix} d & -b \\ -c & a \end{bmatrix}
$$

となることもわかる [5].

この値 $ad - bc$ を A の **行列式** と呼び, $\det A$ と表す.

これを使うと例えば, 例題 7.1(1) の 2 次正方行列 $A = \begin{bmatrix} 1 & 2 \\ 2 & 3 \end{bmatrix}$ は

---

[5] 実際に $A^{-1}A$ と AA^{-1} を計算して, どちらも単位行列になることを確かめよう.

$$\det A = 1 \cdot 3 - 2 \cdot 2 = -1 \neq 0$$

を満たすので逆行列をもつ, すなわち正則行列である. そしてその逆行列は

$$A^{-1} = \frac{1}{-1} \begin{bmatrix} 3 & -2 \\ -2 & 1 \end{bmatrix} = \begin{bmatrix} -3 & 2 \\ 2 & -1 \end{bmatrix}$$

と求めることができる.

　一方, 例題 7.1(2) の 2 次正方行列 $B = \begin{bmatrix} 1 & 2 \\ 2 & 4 \end{bmatrix}$ は

$$\det B = 1 \cdot 4 - 2 \cdot 2 = 0$$

を満たすので正則行列ではない. よって, その逆行列 B^{-1} は存在しない.

7-3　産業連関問題への応用

　逆行列を利用する問題の例として, 次の産業連関問題を挙げよう.

　日常生活に必要な各種の消費財や, 企業の設備の拡充に使用される資本財は, 農林水産業, 製造業, サービス業など多くの産業によって生産されている. そしてこれらの産業は, それぞれ単独に存在するものではなく, 原材料, 燃料等の取引を通じて互いに密接な関係をもっている. 例えば, パソコンを生産するためには, プラスチック, 半導体, ネジなど多くの製品が原材料として必要で, さらに細かい材料を得るには様々な産業から購入したり輸入したりしないといけない. また, 原材料や生産された商品を輸送する機関も必要である. パソコンの需要が増減すれば, 関連する各産業の需要も増減するため, 経済活動は産業間で互い影響を及ぼしあっていることがわかる. このような経済取引を, ある特定の期間について一覧表にしたものが 産業連関表 (投入産出表) であり, ここではこの表を利用した問題を考える.

　一般に, 産業連関表は次のような形で表される.

I \ O	S1	S2	$\cdots$	Sn	FD	TP
S1	d_{11}	d_{12}	$\cdots$	d_{1n}	b_1	x_1
S2	d_{21}	d_{22}	$\cdots$	d_{2n}	b_2	x_2
$\vdots$	$\vdots$	$\vdots$		$\vdots$	$\vdots$	$\vdots$
Sn	d_{n1}	d_{n2}	$\cdots$	d_{nn}	b_n	x_n
VA	c_1	c_2	$\cdots$	c_n	/	/
TP	x_1	x_2	$\cdots$	x_n	/	/

ここに, I は投入 (Input), O は産出 (Output), Si は第 i 部門 (Section), FD は最終需要 (Final Demand), TP は総生産高 (Total Product), VA は粗付加価値 (Value Added) を表す. また, d_{ij} は第 i 部門で生産されたもので第 j 部門へ売り渡した量を, b_i は第 i 部門の最終需要を表し, これら第 i 行の合計 (横の合計) が第 i 部門の総生産高 x_i となる. つまり,

$$x_i = d_{i1} + d_{i2} + \cdots + d_{in} + b_i \left(= \sum_{j=1}^{n} d_{ij} + b_i \right) \qquad \cdots \quad (\clubsuit)$$

である. 一方, 第 j 部門の列 d_{ij} $(i = 1, 2, \ldots, n)$ と粗付加価値 c_j の合計 (縦の合計) も総生産高 x_j となる. つまり,

$$x_j = d_{1j} + d_{2j} + \cdots + d_{nj} + c_j \left(= \sum_{i=1}^{n} d_{ij} + c_j \right)$$

となる.

ここで, 第 i 部門の行の各成分 d_{ij} $(j = 1, 2, \ldots, n)$ に対して, 第 j 部門の総生産高 x_j で割った値を 投入係数 (技術係数) といい, a_{ij} で表す. つまり,

$$a_{ij} = \frac{d_{ij}}{x_j}$$

である. この関係式から, $d_{ij} = a_{ij} x_j$ が得られ, $(\clubsuit)$ 式に代入すると

$$x_i = a_{i1} x_1 + a_{i2} x_2 + \cdots + a_{in} x_n + b_i \left(= \sum_{j=1}^{n} a_{ij} x_j + b_i \right)$$

となる. これが各 $i = 1, 2, \cdots, n$ に対して成り立つので,

$$\begin{cases} x_1 = a_{11}x_1 + a_{12}x_2 + \cdots + a_{1n}x_n + b_1 \\ x_2 = a_{21}x_1 + a_{22}x_2 + \cdots + a_{2n}x_n + b_2 \\ \qquad \cdots \\ x_n = a_{n1}x_1 + a_{n2}x_2 + \cdots + a_{nn}x_n + b_n \end{cases}$$

と書くことができ，

$$A = \begin{bmatrix} a_{11} & a_{12} & \cdots & a_{1n} \\ a_{21} & a_{22} & \cdots & a_{2n} \\ \vdots & \vdots & & \vdots \\ a_{n1} & a_{n2} & \cdots & a_{nn} \end{bmatrix}, \quad X = \begin{bmatrix} x_1 \\ x_2 \\ \vdots \\ x_n \end{bmatrix}, \quad B = \begin{bmatrix} b_1 \\ b_2 \\ \vdots \\ b_n \end{bmatrix}$$

と置くと，この連立 1 次方程式は

$$X = AX + B$$

と書くことができる．この連立 1 次方程式を レオンチェフ (**Leontief**) の基本方程式 といい，行列 A を 投入係数行列 (技術係数行列)，列ベクトル B を最終需要ベクトル，列ベクトル X を 総生産高ベクトル という．この連立 1 次方程式を解くには，

$$(E - A)X = B$$

として，$E - A$ の逆行列を利用して

$$X = (E - A)^{-1}B$$

とすればよい．このとき，行列 $E - A$ を レオンチェフ行列 といい，その逆行列 $(E - A)^{-1}$ を レオンチェフの逆行列 という．

　具体的な例として，投入係数行列 A と最終需要ベクトル B が次で与えられるとき，総生産高ベクトル X を求めてみよう．

$$A = \begin{bmatrix} \dfrac{1}{3} & \dfrac{3}{10} \\ \dfrac{5}{12} & \dfrac{1}{5} \end{bmatrix}, \quad B = \begin{bmatrix} 5 \\ 3 \end{bmatrix}$$

この場合の産業連関表は次の形で表されている.

I ＼ O	S1	S2	FD	TP
S1	$\dfrac{1}{3}x_1$	$\dfrac{3}{10}x_2$	5	x_1
S2	$\dfrac{5}{12}x_1$	$\dfrac{1}{5}x_2$	3	x_2
VA	$\dfrac{1}{4}x_1$	$\dfrac{1}{2}x_2$	/	/
TP	x_1	x_2	/	/

レオンチェフの基本方程式より $X = AX + B$ が成り立つから, $X = (E-A)^{-1}B$ である. $(E-A)^{-1}$ を求めると

$$(E-A)^{-1} = \left(\begin{bmatrix} 1 & 0 \\ 0 & 1 \end{bmatrix} - \begin{bmatrix} \dfrac{1}{3} & \dfrac{3}{10} \\ \dfrac{5}{12} & \dfrac{1}{5} \end{bmatrix} \right)^{-1} = \begin{bmatrix} \dfrac{2}{3} & -\dfrac{3}{10} \\ -\dfrac{5}{12} & \dfrac{4}{5} \end{bmatrix}^{-1}$$

$$= \dfrac{1}{\dfrac{2}{3} \times \dfrac{4}{5} - \left(-\dfrac{3}{10}\right) \times \left(-\dfrac{5}{12}\right)} \begin{bmatrix} \dfrac{4}{5} & \dfrac{3}{10} \\ \dfrac{5}{12} & \dfrac{2}{3} \end{bmatrix}$$

$$= \dfrac{1}{\dfrac{8}{15} - \dfrac{1}{8}} \begin{bmatrix} \dfrac{1}{60} \times 48 & \dfrac{1}{60} \times 18 \\ \dfrac{1}{60} \times 25 & \dfrac{1}{60} \times 40 \end{bmatrix}$$

$$= \dfrac{1}{\dfrac{64-15}{120}} \times \left(\dfrac{1}{60} \begin{bmatrix} 48 & 18 \\ 25 & 40 \end{bmatrix} \right)$$

$$= \dfrac{1}{\dfrac{49}{120}} \times \dfrac{1}{60} \begin{bmatrix} 48 & 18 \\ 25 & 40 \end{bmatrix}$$

$$= \dfrac{1}{\dfrac{49}{120} \times 60} \begin{bmatrix} 48 & 18 \\ 25 & 40 \end{bmatrix} = \dfrac{2}{49} \begin{bmatrix} 48 & 18 \\ 25 & 40 \end{bmatrix}$$

であるから, 求める総生産高ベクトルは

$$X = (E - A)^{-1}B = \frac{2}{49}\begin{bmatrix} 48 & 18 \\ 25 & 40 \end{bmatrix}\begin{bmatrix} 5 \\ 3 \end{bmatrix} = \begin{bmatrix} \mathbf{12} \\ \mathbf{10} \end{bmatrix}$$

である.

注意　前ページの逆行列 $(E - A)^{-1}$ は次のように簡約化を利用して求めても
よい.

$$\begin{bmatrix} \dfrac{2}{3} & -\dfrac{3}{10} & 1 & 0 \\ -\dfrac{5}{12} & \dfrac{4}{5} & 0 & 1 \end{bmatrix} \longrightarrow \begin{bmatrix} 20 & -9 & 30 & 0 \\ -25 & 48 & 0 & 60 \end{bmatrix}$$

$$\longrightarrow \begin{bmatrix} 100 & -45 & 150 & 0 \\ -100 & 192 & 0 & 240 \end{bmatrix} \longrightarrow \begin{bmatrix} 100 & -45 & 150 & 0 \\ 0 & 147 & 150 & 240 \end{bmatrix}$$

$$\longrightarrow \begin{bmatrix} 4900 & -2205 & 7350 & 0 \\ 0 & 2205 & 2250 & 3600 \end{bmatrix} \longrightarrow \begin{bmatrix} 4900 & 0 & 9600 & 3600 \\ 0 & 2205 & 2250 & 3600 \end{bmatrix}$$

$$\longrightarrow \begin{bmatrix} 49 & 0 & 96 & 36 \\ 0 & 49 & 50 & 80 \end{bmatrix} \longrightarrow \begin{bmatrix} 1 & 0 & \dfrac{96}{49} & \dfrac{36}{49} \\ 0 & 1 & \dfrac{50}{49} & \dfrac{80}{49} \end{bmatrix}$$

$$\longrightarrow \begin{bmatrix} 1 & 0 & \dfrac{2}{49} \times 48 & \dfrac{2}{49} \times 18 \\ 0 & 1 & \dfrac{2}{49} \times 25 & \dfrac{2}{49} \times 40 \end{bmatrix}$$

章末問題 7

章末問題 7.1　逆行列を利用して, 次の連立 1 次方程式を解きなさい.

(1) $\begin{cases} x + 2y = 3 \\ 2x + 5y = 8 \end{cases}$　　　　(2) $\begin{cases} x + 2y = 3 \\ 3x + 7y = 11 \end{cases}$

(3) $\begin{cases} x - 3y = 6 \\ 2x - 5y = 11 \end{cases}$　　　　(4) $\begin{cases} x + 2y = 1 \\ 2x + 7y = 8 \end{cases}$

(5) $\begin{cases} x + 3y = -1 \\ 5x + 13y = -1 \end{cases}$ (6) $\begin{cases} x - 3y = 9 \\ 4x - 7y = 26 \end{cases}$

(7) $\begin{cases} x - y + z = 2 \\ x + y - z = 0 \\ -x + y + z = 4 \end{cases}$ (8) $\begin{cases} 2x - 3y + 2z = 2 \\ -x + y - 2z = -5 \\ x - y + z = 2 \end{cases}$

(9) $\begin{cases} 2x - y + 8z = 11 \\ x - y + 5z = 6 \\ -3x + 5y - 16z = -17 \end{cases}$ (10) $\begin{cases} 2x + y - 5z = 4 \\ 3x + 2y - 4z = 3 \\ 4x + 3y - 2z = 1 \end{cases}$

(11) $\begin{cases} 99x + 100y + 101z = 100 \\ 100x + 99y + 100z = 101 \\ 101x + 101y + 99z = 99 \end{cases}$

[解答] (1) $\begin{cases} x = -1 \\ y = 2 \end{cases}$ (2) $\begin{cases} x = -1 \\ y = 2 \end{cases}$ (3) $\begin{cases} x = 3 \\ y = -1 \end{cases}$

(4) $\begin{cases} x = -3 \\ y = 2 \end{cases}$ (5) $\begin{cases} x = 5 \\ y = -2 \end{cases}$ (6) $\begin{cases} x = 3 \\ y = -2 \end{cases}$

(7) $\begin{cases} x = 1 \\ y = 2 \\ z = 3 \end{cases}$ (8) $\begin{cases} x = 1 \\ y = 2 \\ z = 3 \end{cases}$ (9) $\begin{cases} x = 2 \\ y = 1 \\ z = 1 \end{cases}$

(10) $\begin{cases} x = -1 \\ y = 1 \\ z = -1 \end{cases}$ (11) $\begin{cases} x = 1 \\ y = -1 \\ z = 1 \end{cases}$

章末問題 7.2　逆行列を利用して，次の連立 1 次方程式を解きなさい.

$$
\begin{cases}
x - y - z + u - v = & 100 \\
x - y + z + u + v = & 400 \\
x + y - z + u - v = & -100 \\
-x + y + z + u + v = & -200 \\
x + y + z - u - v = & 200
\end{cases}
$$

ヒント　地道に計算する.

[**解答**]　詳しい解説は演習書 p.87 を参照のこと.

$$
\begin{cases}
x = & 200 \\
y = & -100 \\
z = & 100 \\
u = & -50 \\
v = & 50
\end{cases}
$$

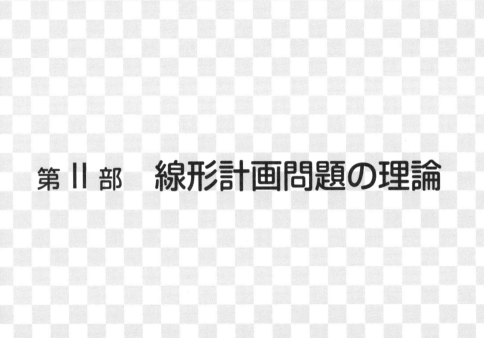

第 II 部　線形計画問題の理論

第8章 シンプレックス法と最大問題

8–1 グラフによる解法・再訪

本書の最初で述べた例題 0.1 (p.1) について改めて考えてみよう. 問題は次のように与えられていた.

例題 8.1

$$\text{maximize}: \quad z = 3x + 2y$$
$$\text{subject to}: \quad 3x + y \leq 9$$
$$x + 2y \leq 8$$
$$x \geq 0, \quad y \geq 0$$

0–1 節ではこれをグラフを用いて解いた. 次の図のように, まず 制約条件 が示す領域を xy 平面に図示して 実現可能解 の範囲を求め, そこに 目的関数 のグラフを描いた.

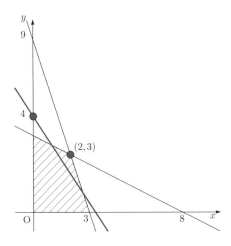

そして，この目的関数のグラフを移動させ，実現可能解の範囲で値が最大になるところを図の上で探した．その結果，2 つの直線 $3x + y = 9$ と $x + 2y = 8$ の交点 $(2, 3)$ を通るときに，y 切片の $\dfrac{1}{2}z$ は最大となることがわかり，このことから $z_{\max} = 12$ が得られた．

では，目的関数が表す直線 $z = 3x + 2y$ をどのように動かせば，z の値が最大となる点 $(2, 3)$ に到達することができるだろうか？まず，原点 $(0, 0)$ を通る直線 $3x + 2y = 0$ から出発して，どのような流れに沿えば点 $(2, 3)$ を通る直線 $3x + 2y = 12$ にまで効率よく移動することができるか考えればよい．そこで，目的関数を最大にする実現可能解を見つけるため，原点 $(0, 0)$ から目的の場所 $(2, 3)$ まで制約条件が示す領域の境界線上をどのような手順で移動すればよいか考えることにする．

Step A–1: 目的関数 $z = 3x + 2y$ を効率よく最大にするには，どうすればよいか？

まず，原点 $(0, 0)$ から x と y のどちらの方向に移動すればよいのか，それを決めるのがこの Step A–1 である．X の方が Y より利益が大きいので，まずは x 方向に進めばよい．

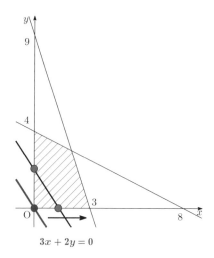

$3x + 2y = 0$

> **Step A–2:** 制約条件のもと, X はどれだけ生産が可能か?

原点 $(0,0)$ から x 方向にどの程度進めばよいのか, それを決めるのが この Step A–2 である. グラフより $x = 3$ が最大値であるから, $(3,0)$ まで進めばよい.

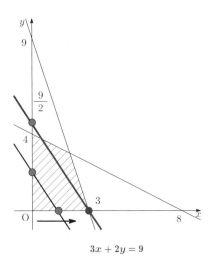

$$3x + 2y = 9$$

> **Step A–3:** x が最大のときの z は最大値か?

$(3,0)$ が z を最大にする実現可能解かどうかを調べているのが この Step A–3 である. $(3,0)$ から A の制約条件を表す直線に沿って左上に進めると, x が減るかわりに y は増えて, z の値がますます大きくなることがわかる.

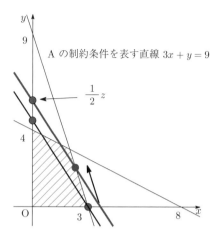

Step A–4:　制約条件のもと, Y (と X) はどの程度 生産できるか?

$(3,0)$ から A の制約条件を表す直線 に沿って どの程度進めばよいのか, それを決めるのが この Step A–4 である. この直線上の実現可能解のうち y の最大値は $y = 3$ であり, そのときの x の値が $x = 2$ であるから, $(2,3)$ まで進めばよい.

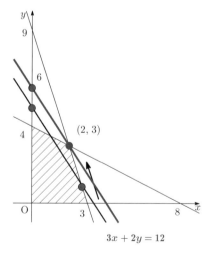

$$3x + 2y = 12$$

> **Step A–5:**　$(x, y) = (2, 3)$ が z を最大にする実現可能解か？

　$(2, 3)$ が z を最大にする実現可能解かどうかを調べているのが この Step A–5 である. $(2, 3)$ から B の制約条件を表す直線に沿って左上に進めると, 今度は z の値がだんだん小さくなることがわかる. よって, $(2, 3)$ が z を最大にする実現可能解である.

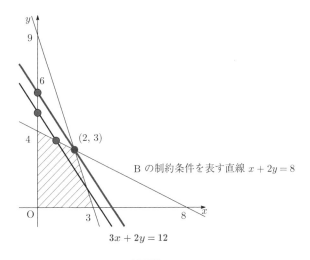

このような見方を本書では視点 ┃ **A** ┃ と呼ぶことにする.

8–2　スラック変数の役割

　扱う数が大きいときや未知数が多いときは, 視点 ┃ **A** ┃ のようにグラフを描き, それを利用して最大問題を解くことは困難である. そこでグラフを使わずに (場合によっては計算だけで) 解く方法を考えたい.

　線形計画問題においては多くの場合, 制約条件が複数の式で与えられていて, しかもそれらが等式ではなく不等式であるため, そのすべてを成り立たせる状況, すなわち実現可能解を把握することが難しい.

　このことを踏まえ, 例題 8.1 の制約条件についてさらに検討してみよう.

$$\begin{aligned}
\text{maximize}: \quad & z = 3x + 2y \\
\text{subject to}: \quad & 3x + y \le 9 \quad \cdots \quad \text{(A)} \\
& x + 2y \le 8 \quad \cdots \quad \text{(B)} \\
& x \ge 0, \quad y \ge 0
\end{aligned}$$

　グラフを使えばそうした連立不等式による制約条件が比較的容易に表現できたのだがそれを使わないために, 不等式で与えられた制約条件をとりあえず等式に置き換えたい. そのために, 制約条件 (A) において, (右辺) − (左辺) = s_1 とおいてみるとこれは

$$3x + y + s_1 = 9, \quad s_1 \ge 0 \quad \cdots \quad \text{(A}_0\text{)}$$

と書き換えることができる.

　このような変数 s_1 を スラック変数 と呼ぶ.

　同じように制約条件 (B) についても, 別のスラック変数 s_2 を用いて

$$x + 2y + s_2 = 8, \quad s_2 \ge 0 \quad \cdots \quad \text{(B}_0\text{)}$$

と書き換えることができる.

　これらの変数はどういう役割なのかをもとの問題で考えてみよう. 制約条件 (A) の意味は,

　　薬 X を x リットル作り, 薬 Y を y リットル作るときに粉末 A を全部
　　で $3x + y$ kg 使う. 最大で 9 kg まで使える

ということであった. 言い換えれば

　　$s_1 = 9 - (3x + y)$ は, 粉末 A の余り (余剰分 = 使用後の在庫量)

ということになる. スラック (slack, ゆるみ, たるみ) という呼び方はこのことに由来する.

　さて, 最大問題をグラフを使わずにどのように解いていけばよいのか, グラフを利用して解いた視点 $\boxed{\text{A}}$ を参考にしながら順を追って考えてみよう.

目的関数 z を効率よく最大にするには?

$\longrightarrow$　利益が一番得られる製品をできるだけ多く販売すればよい.

$\longrightarrow$　利益が一番得られる製品はどれだけ生産できるか?

$\longrightarrow$　すべての制約条件を考慮することにより求めることができる.

$\longrightarrow$　それは目的関数を最大にする実現可能解となっているか?

$\longrightarrow$　この状況から, さらに他の製品を生産する余裕 (資源の在庫) はあるか?
　　　　あるいは, 利益の高い製品を少し減らしてでも他の製品を生産した方が
　　　　よいのか?

$\longrightarrow$　より良い実現可能解が得られる.

$\longrightarrow$　・・・ (この操作を繰り返す)

$\longrightarrow$　これ以上, 目的関数を大きくできるような実現可能解は存在しない.

$\longrightarrow$　目的関数を最大にする実現可能解が得られる.

これを本書ではこの見方を視点 $\boxed{\text{B}}$ と呼ぶことにする.

　これから「製品 X」「製品 Y」の生産量と, 「利益 Z」「原料 A」「原料 B」の在庫量を表にして考えよう. まず問題の設定を表にしてみる.

【基本設定 X】製品 X を 1 リットル作るには, 原料 A を 3 キログラム, 原料 B を 1 キログラム使い, そのときの利益は 3 万円である.

【基本設定 Y】製品 Y を 1 リットル作るには, 原料 A を 1 キログラム, 原料 B を 2 キログラム使い, そのときの利益は 2 万円である. すると, 製品 X のみを x リットル, また製品 Y のみを y リットル作ったときの様子もわかる.

【初期状態】最初の原料の在庫は, 原料 A が 9 キログラム, 原料 B が 8 キログラムである. このときは製品 X, Y の生産量は 0, 当然利益も 0 である.

　したがって

	X 生産	Y 生産	利益 Z	A 在庫	B 在庫
基本設定 X	1	0	3	3 減	1 減
基本設定 Y	0	1	2	1 減	2 減
X のみ生産	x	0	$3x$	$3x$ 減	x 減
Y のみ生産	0	y	$2y$	y 減	$2y$ 減
初期状態	0	0	0	9	8

【表 1: 基本設定・初期状態】

原料を 3 キログラム使えば在庫は 3 キログラム減るので，ここではそれを「3 減」と表している．ここで，X, Y の単位はリットル，Z は万円，A, B はキログラムである．

> **Step B–1:** 全体の利益 $z = 3x + 2y$ を効率よく最大にするには，どうすればよいか？

X, Y の 1 リットルあたりの利益は それぞれ 3 万円, 2 万円 であるから，まず 利益の一番大きい X をできるだけ多く販売することを考える．

> **Step B–2:** 制約条件のもと，X はどれだけ生産が可能か？

X を可能な限り生産するには，すべての原料を X の生産に投入し，Y をまったく生産しなければよいので，制約条件

$$\begin{cases} 3x + y \leq 9 & \cdots \quad (A) \\ x + 2y \leq 8 & \cdots \quad (B) \end{cases}$$

において，$y = \boxed{0}$ を代入して

$$\begin{cases} 3x \leq 9 \\ x \leq 8 \end{cases} \iff \begin{cases} x \leq \boxed{3} \\ x \leq 8 \end{cases}$$

が得られる. この 2 つの制約条件を同時に満たすものは $x \leq \boxed{3}$ であるから, x の最大値は $\boxed{3}$ である. つまり, X は多くても $\boxed{3}$ リットルしか生産できない. このときの状況をまとめると次のようになる.

	X 生産	Y 生産	利益 Z	A 在庫	B 在庫
初期状態	0	0	0	9	8
X のみ生産	x	0	$3x$	$9 - 3x$	$8 - x$
X のみ最大限生産	3	0	9	0	5

【表 2: X のみ最大限量生産した場合】

Step B–3:　x が最大のときの z は最大値か?

Step B–2 で得られた解は $(x, y) = \left(\boxed{3}, \boxed{0} \right)$ であり, このときの目的関数の値は $z = 3 \times \boxed{3} + 2 \times \boxed{0} = 9$ である. これは本当に最大値なのだろうか?

ここで, さらに Y を生産できるか見てみよう. 制約条件 (A), (B) にスラック変数を導入すると

$$\begin{cases} 3x + y + s_1 = 9 & \cdots \quad (A_0) \\ x + 2y + s_2 = 8 & \cdots \quad (B_0) \end{cases}$$

である.

これを用いれば, X のみを最大限生産したときの状況は次のように表すことができる.

	X 生産	Y 生産	利益 Z	A 在庫	B 在庫
変数	x	y	z	s_1	s_2
制約条件	x	y	z	$9 - (3x + y)$	$8 - (x + 2y)$
Step B-2	3	0	9	0	5

【表 3: スラック変数による表示】

すでに A は在庫がない $(s_1 = 0)$, すなわち

$$3x + y = 9$$

なので, もし Y を 1 リットル生産するならば, X の生産量は $\frac{1}{3}$ リットル減らさなくてはならない. そのときに原料をどのくらい使うのか, また利益はどのように変わるのかは次のように表すことができる.

	X 生産	Y 生産	利益 Z	A 在庫	B 在庫
X 減産	$\frac{1}{3}$ 減	0	1 減	1 増	$\frac{1}{3}$ 増
Y 増産	0	1 増	2 増	1 減	2 減
X 減 Y 増	$\frac{1}{3}$ 減	1 増	1 増	±0	$\frac{5}{3}$ 減

【表 4：Y を 1 リットル増産する場合】

　X を減産すれば, 原料の在庫は「減らない」, すなわち「生産したときよりも増える」とみなしている.

　この表からわかるように, Step B-2 の状況から, X を減らして Y をその分増産すればさらに利益が大きくなることがわかる.

> **Step B–4:**　制約条件のもと, Y (と X) はどの程度 生産できるか？

　Step B-2 の状況から今度は X を減らしてその分を Y の生産に振り向ければ良いことがわかった. しかしそれを無制限にはできない. 【表 4】をもとに, Step B-2 の状況から X を減らして Y を y リットル生産するときの状況を考える.

	X 生産	Y 生産	利益 Z	A 在庫	B 在庫
Step B-2	3	0	9	0	5
Y を y だけ増	$\frac{1}{3}y$ 減	y 増	y 増	±0	$\frac{5}{3}y$ 減
結果	$3 - \frac{1}{3}y$	y	$9 + y$	0	$5 - \frac{5}{3}y$

【表 5：Step B-2 の計画から Y を y リットル増産する場合】

ここで, 原料 B の在庫を目一杯使えるのは, $5 - \frac{5}{3}y = 0$ すなわち $y = 3$ のときである. したがって,

　　X を 2 リットル, Y を 3 リットル製造すれば, 原料をすべて使い切る

ことになる. ここまでの過程をまとめると次のようになる.

	X 生産	Y 生産	利益 Z	A 在庫	B 在庫
変数	x	y	z	s_1	s_2
初期状態	0	0	0	9	8
Step B-2	3	0	9	0	5
原料使い切り	2	3	12	0	0

【表 6: 原料を使い切る】

したがって, これ以上の操作で z をより大きくすることはできないようである.

　本当にこの状況が z を最大化させているかどうかについては, 8–6 節で解説する視点 $\boxed{\text{C}}$ が必要となるが, とりあえずは

$$(x, y) = \left(\boxed{2}, \boxed{3}\right)$$

が目的関数 z を最大にする実現可能解 だろう ということはわかった.

問題 8.1　次の最大問題を 視点 $\boxed{\text{B}}$ に沿って 解きなさい.

> 2 種類の粉末 A, B を混ぜて加工すると, 薬 X, Y が作れる. X を 1 リットル作るには, A を 3 kg, B を 1 kg 必要とし, Y を 1 リットル作るには, A を 1 kg, B を 2 kg 必要とするが, A, B はそれぞれ 15 kg, 10 kg しか在庫がない.
> また, X, Y を 1 リットル 販売したときの利益は それぞれ 3 万円, 2 万円 である.
> このとき, 利益を最大にするには, X と Y をどれだけ作ればよいか?

[解答]　X を 4 リットル, Y を 3 リットル作ったときに最大の利益 18 万円を得る.

8-3　シンプレックス法と最大問題

前節で述べたことからわかるように, 線形計画問題の最大問題はグラフを離れ, 計算だけで解くことができる. ここではそれをさらにシステム化し, 行列の基本変形で解く.

一般に, 線形計画問題の最大問題は次のような形で与えられる.

線形計画問題の最大問題

$$\text{maximize}: \quad z = \boxed{p_1}\,x_1 + \boxed{p_2}\,x_2 + \cdots + \boxed{p_n}\,x_n$$

$$\text{subject to}: \quad \boxed{a_{11}}\,x_1 + \boxed{\boxed{a_{12}}}\,x_2 + \cdots + a_{1n}x_n \leq \boxed{b_1}$$

$$\boxed{a_{21}}\,x_1 + a_{22}x_2 + \cdots + a_{2n}x_n \leq \boxed{b_2}$$

$$\cdots$$

$$a_{m1}x_1 + a_{m2}x_2 + \cdots + a_{mn}x_n \leq \boxed{b_m}$$

$$x_1 \geq 0, \quad x_2 \geq 0, \quad \cdots, \quad x_n \geq 0$$

注意　これまでは x, y を用いたが, 未知数が 3 つ以上の問題を扱うことを考え, 以後は x_1, x_2, ... を用いる.

線形計画問題の解法 (アルゴリズム) を 線形計画法 という. そこでよく用いられる シンプレックス法 (単体法) について, 例題 8.2 を用いて紹介する.

例題 8.2　次の最大問題を シンプレックス法 で解きなさい.

$$\text{maximize}: \quad z = 3x_1 + 2x_2$$

$$\text{subject to}: \quad 3x_1 + x_2 \leq 9$$

$$x_1 + 2x_2 \leq 8$$

$$x_1 \geq 0, \quad x_2 \geq 0$$

[解答]　次のステップに従って解く.

Step 1:　目的関数の右辺を左辺に移項し, $z - \cdots = 0$ の形にする.

目的関数は $z = 3x_1 + 2x_2$ であるから, $z - 3x_1 - 2x_2 = 0$ と表せる.

Step 2:　制約条件にスラック変数を導入し, 1 次不等式を 1 次方程式にする.

制約条件は, スラック変数 $s_1 \geq 0, s_2 \geq 0$ を導入することにより

$$3x_1 + x_2 + s_1 = 9$$

$$x_1 + 2x_2 + s_2 = 8$$

と書ける.

Step 3:　Step 1 と Step 2 で得た 1 次方程式を連立させ, 拡大係数行列を求める.

拡大係数行列は $\begin{bmatrix} 1 & -3 & -2 & 0 & 0 & 0 \\ 0 & 3 & 1 & 1 & 0 & 9 \\ 0 & 1 & 2 & 0 & 1 & 8 \end{bmatrix}$ となる.

> **Step 4:**　Step 3 で求めた拡大係数行列を基本変形する.

そして次の手順に従い, 行列の基本変形を用いて最適な解を探す [1].

シンプレックス法による基本変形の手順

(i)　目的関数の行 (第 1 行) の成分で, 負で 絶対値 が一番大きい数 (「最大に負」と呼ぶ) を見つける (その数のある列を第 j 列とする).

…　**Step B-1 参照**

(ii)　目的関数の行以外の各行において, 第 j 列の成分が 1 になるよう適当な数を掛ける (割る).

(iii)　目的関数の行以外の定数項ベクトルの成分で, 正の一番小さい数を見つける (その数のある行を第 i 行とする).

…　**Step B-2 参照**

(iv)　第 i 行を固定し, 第 j 列の他の成分が 0 になるよう基本変形する.

…　**実際に生産してみることに相当する**

(v)　変形した結果, 目的関数の行 (第 1 行) の成分にまだ負の数があれば (i) へ戻る. なくなれば 単位行列がうまく取り出せるように変形 して次の Step へ.

…　**Step B-3, B-4 参照**

---

[1] この方法は 8–2 節の視点 B を発展させて構成している. 詳細は 8–6 節を参照.

この問題では次のように変形するとよい.

	1	−3	−2	0	0	0	第1行の成分では −3 が
	0	3	1	1	0	9	最大に負であるので第2列の他の
	0	1	2	0	1	8	成分を1にする. (i) (ii)
	1	−3	−2	0	0	0	定数項ベクトルの第1行以外の
②×$\frac{1}{3}$	0	1	$\frac{1}{3}$	$\frac{1}{3}$	0	3	成分では 3 が正の最小なので
	0	1	2	0	1	8	第2行を固定する. (iii)
	1	−3	−2	0	0	0	
	0	1	$\frac{1}{3}$	$\frac{1}{3}$	0	3	第2行の1を使って
	0	1	2	0	1	8	第2列を掃き出す. (iv)
①+②×3	1	0	−1	1	0	9	第1行にまだ負の数がある. (v)
	0	1	$\frac{1}{3}$	$\frac{1}{3}$	0	3	
③+②×(−1)	0	0	$\frac{5}{3}$	$-\frac{1}{3}$	1	5	

ここまでの変形で得られた拡大係数行列は, まだ目的関数の行 (第1行) に負の数があるので, もう一度この操作を行う.

	1	0	−1	1	0	9	第1行では −1 が
	0	1	$\frac{1}{3}$	$\frac{1}{3}$	0	3	最大に負なので, 第3列の
	0	0	$\frac{5}{3}$	$-\frac{1}{3}$	1	5	他の成分を1にする
	1	0	−1	1	0	9	定数項ベクトルの第1行以外の
②×3	0	3	1	1	0	9	成分では 3 が正の最小なので
③×$\frac{3}{5}$	0	0	1	$-\frac{1}{5}$	$\frac{3}{5}$	3	第3行を固定して第3列を掃き出す
①+③×1	1	0	0	$\frac{4}{5}$	$\frac{3}{5}$	12	
②+③×(−1)	0	3	0	$\frac{6}{5}$	$-\frac{3}{5}$	6	
	0	0	1	$-\frac{1}{5}$	$\frac{3}{5}$	3	

目的関数の行 (第 1 行) の成分に負の数がなくなったので, 単位行列がうまく取り出せるように変形する.

	1	0	0	$\frac{4}{5}$	$\frac{3}{5}$	12	単位行列とはなりえない
	0	3	0	$\frac{6}{5}$	$-\frac{3}{5}$	6	第 4 列, 第 5 列を除いた
	0	0	1	$-\frac{1}{5}$	$\frac{3}{5}$	3	係数行列部分を整える
	1	0	0	$\frac{4}{5}$	$\frac{3}{5}$	12	
②$\times\frac{1}{3}$	0	1	0	$\frac{2}{5}$	$-\frac{1}{5}$	2	係数行列部分が
	0	0	1	$-\frac{1}{5}$	$\frac{3}{5}$	3	単位行列になった!!

> **Step 5:** 得られた拡大係数行列を連立 1 次方程式で表す.

この問題では

$$
\begin{cases}
z & + \dfrac{4}{5}s_1 + \dfrac{3}{5}s_2 & = & 12 \\[2mm]
x_1 & + \dfrac{2}{5}s_1 - \dfrac{1}{5}s_2 & = & 2 \\[2mm]
x_2 & - \dfrac{1}{5}s_1 + \dfrac{3}{5}s_2 & = & 3
\end{cases}
\qquad \text{となる.}
$$

> **Step 6:** Step 5 で得られた連立 1 次方程式で, 目的関数の 1 次方程式にある z 以外の未知数を すべて 0 として最適な実現可能解を求める.

目的関数の 1 次方程式にある z 以外の未知数は すべて 0 以上の実数であるという非負条件があったから, これらを 0 にすることにより 目的関数が最大 となり, 最適な実現可能解が得られる. いまの場合, s_1, s_2 がその未知数となるので, $s_1 = 0$, $s_2 = 0$ とすると

$$z = 12, \quad x_1 = 2, \quad x_2 = 3$$

が得られる. このとき, 非負条件を含むすべての制約条件を満たしているので, こ れが最適な実現可能解となる. 以上から, $(x_1, x_2) = (2, 3)$ のとき, $z_{\max} = 12$ である.

注意　手順 (i) で 目的関数の行 (第 1 行) の成分で負の数は -3 と -2 であった ので, そのうちの 負に大きい 数である -3 を選択してシンプレックス法による基本 変形を行った. この手順は 8.1 節ですでに説明したように, グラフでは $(0, 0)$ から x 軸を $(3, 0)$ に進み, その後 直線 $3x + y = 9$ 上を $(2, 3)$ まで進んで最適な実現可 能解を得ることに対応している. 負に大きい数 -3 ではなく, もう一方の負の数で ある -2 を選択してシンプレックス法による基本変形を行うと, グラフでは $(0, 0)$ から y 軸を $(0, 4)$ に進み, その後 直線 $x + 2y = 8$ 上を $(2, 3)$ まで進んで最適な実 現可能解を得ることに対応する. 実際, -3 の代わりに -2 を選択してシンプレック ス法による基本変形を行うと, 以下のように同じ結果が導かれる. ただ, 一般に負に 最大の数を選択した方が基本変形の効率がよいことが知られている.

	1	-3	$\boxed{-2}$	0	0	0	第 1 行の成分で負の数
	0	3	$\boxed{1}$	1	0	9	$\boxed{-2}$ を選択
	0	1	$\boxed{2}$	0	1	8	第 3 列の他の成分を 1 に
	1	-3	-2	0	0	0	定数項ベクトルの第 1 行以外の
	0	3	1	1	0	9	成分では $\boxed{4}$ が正の最小なので
③$\times\frac{1}{2}$	0	$\frac{1}{2}$	1	0	$\frac{1}{2}$	$\boxed{4}$	第 3 行を固定する
	1	-3	$\boxed{-2}$	0	0	0	第 3 行の 1 を使って
	0	3	$\boxed{1}$	1	0	9	第 3 列を掃き出す
	0	$\frac{1}{2}$	$\boxed{1}$	0	$\frac{1}{2}$	4	
①+③$\times 2$	1	-2	0	0	1	8	まだ第 1 行に負の数があるので
②+③$\times(-1)$	0	$\frac{5}{2}$	0	1	$-\frac{1}{2}$	5	再び同じ手順を行う
	0	$\frac{1}{2}$	1	0	$\frac{1}{2}$	4	

$$
\begin{array}{ccccc|c}
1 & \boxed{-2} & 0 & 0 & 1 & 8 \\
0 & \boxed{\frac{5}{2}} & 0 & 1 & -\frac{1}{2} & 5 \\
0 & \boxed{\frac{1}{2}} & 1 & 0 & \frac{1}{2} & 4
\end{array}
$$

第 1 行の成分では $\boxed{-2}$ が最大に負なので, 第 2 列の他の成分を 1 にする

$$
\begin{array}{ccccc|c}
1 & -2 & 0 & 0 & 1 & 8 \\
0 & 1 & 0 & \frac{2}{5} & -\frac{1}{5} & \boxed{2} \\
0 & 1 & 2 & 0 & 1 & 8
\end{array}
$$

②×$\frac{2}{5}$　③×2

定数項ベクトルの第 1 行以外では, $\boxed{2}$ が正の最小なので第 2 行を固定する

$$
\begin{array}{ccccc|c}
1 & \boxed{-2} & 0 & 0 & 1 & 8 \\
0 & 1 & 0 & \frac{2}{5} & -\frac{1}{5} & \boxed{2} \\
0 & \boxed{1} & 2 & 0 & 1 & 8
\end{array}
$$

第 2 行の 1 をつかって第 2 列を掃き出す

$$
\begin{array}{ccccc|c}
1 & \boxed{0} & 0 & \frac{4}{5} & \frac{3}{5} & 12 \\
0 & 1 & 0 & \frac{2}{5} & -\frac{1}{5} & 2 \\
0 & \boxed{0} & 2 & -\frac{2}{5} & \frac{6}{5} & 6
\end{array}
$$

①+②×2　③+②×(-1)

第 1 行目に負の数がなくなった!!

$$
\begin{array}{ccccc|c}
1 & 0 & 0 & \frac{4}{5} & \frac{3}{5} & 12 \\
0 & 1 & 0 & \frac{2}{5} & -\frac{1}{5} & 2 \\
0 & 0 & \boxed{2} & -\frac{2}{5} & \frac{6}{5} & 6
\end{array}
$$

単位行列とはなりえない第 4 列, 第 5 列を除いた係数行列部分を整える

$$
\begin{array}{ccccc|c}
1 & 0 & 0 & \frac{4}{5} & \frac{3}{5} & 12 \\
0 & 1 & 0 & \frac{2}{5} & -\frac{1}{5} & 2 \\
0 & 0 & 1 & -\frac{1}{5} & \frac{3}{5} & 3
\end{array}
$$

③×$\frac{1}{2}$

係数行列部分が単位行列になった!!

この流れを 8–2 節のように表にすると, 以下のようになる.

	x_1	x_2	z	s_1	s_2
初期状態	0	0	0	9	8
X_2 のみ生産	0	x_2	$2x_2$	$9 - x_2$	$8 - 2x_2$
X_2 のみ最大限生産	0	4	8	5	0
X_1 に振り分け	x_1	$4 - \frac{1}{2}x_1$	$8 + 2x_1$	$5 - \frac{5}{2}x_1$	0
X_1 に最大限振り分け	2	3	12	0	0

> **問題 8.2** 次の最大問題を シンプレックス法 で解きなさい.
> maximize : $z = 3x_1 + 2x_2$
> subject to : $3x_1 + x_2 \leq 15, \quad x_1 + 2x_2 \leq 10, \quad x_1 \geq 0, \quad x_2 \geq 0$

[解答] 詳しい解説は 演習書 p.89〜91 を参照のこと.
$(x_1, x_2) = (4, 3)$ のとき, $z_{\max} = 18$

8–4 未知数が 3 つある場合

この節では, 未知数が 3 つあるような複雑な最大問題について考察する. 未知数が 3 つ以上だとグラフを使って解くことが非常に困難になるため, シンプレックス法 が大変有効である.

> **例題 8.3** 次の最大問題を シンプレックス法 で解きなさい.
> maximize : $z = 12x_1 + 10x_2 + 11x_3$
> subject to : $2x_1 + 2x_2 + 2x_3 \leq 52$
> $2x_1 + x_2 + x_3 \leq 40$
> $x_1 + x_2 + 3x_3 \leq 40$
> $x_1 \geq 0, \quad x_2 \geq 0, \quad x_3 \geq 0$

[解答] 次のステップに従って解く.

> **Step 1:** 目的関数の右辺を左辺に移項し, $z - \cdots = 0$ の形にする.

目的関数は $z - 12x_1 - 10x_2 - 11x_3 = 0$ と表せる.

> **Step 2:** 制約条件にスラック変数を導入し, 1 次不等式を 1 次方程式にする.

スラック変数 s_1, s_2, s_3 を導入することにより, 以下のように書ける.

$$2x_1 + 2x_2 + 2x_3 + s_1 = 52$$

$$2x_1 + x_2 + x_3 + s_2 = 40$$

$$x_1 + x_2 + 3x_3 + s_3 = 40$$

$$s_1 \geq 0,\ s_2 \geq 0,\ s_3 \geq 0$$

Step 3: Step 1 と Step 2 で得た1次方程式を連立させ, 拡大係数行列を求める.

Step 1 と Step 2 で得た1次方程式を連立させるとその拡大係数行列は

$$\begin{bmatrix} 1 & -12 & -10 & -11 & 0 & 0 & 0 & | & 0 \\ 0 & 2 & 2 & 2 & 1 & 0 & 0 & | & 52 \\ 0 & 2 & 1 & 1 & 0 & 1 & 0 & | & 40 \\ 0 & 1 & 1 & 3 & 0 & 0 & 1 & | & 40 \end{bmatrix}$$

Step 4: Step 3 で求めた拡大係数行列を基本変形する.

p.140 の「シンプレックス法による基本変形の手順」に従って基本変形する.

	1	-12	-10	-11	0	0	0	0
	0	2	2	2	1	0	0	52
	0	2	1	1	0	1	0	40
	0	1	1	3	0	0	1	40

第1行では -12 が最大に負　それ以外の第2列を 1 にする

	1	-12	-10	-11	0	0	0	0
②$\times\frac{1}{2}$	0	1	1	1	$\frac{1}{2}$	0	0	26
③$\times\frac{1}{2}$	0	1	$\frac{1}{2}$	$\frac{1}{2}$	0	$\frac{1}{2}$	0	20
	0	1	1	3	0	0	1	40

定数項ベクトルの 20 を見て　第3行を固定し　第2列を掃き出す

①$+$③$\times12$	1	0	-4	-5	0	6	0	240
②$+$③$\times(-1)$	0	0	$\frac{1}{2}$	$\frac{1}{2}$	$\frac{1}{2}$	$-\frac{1}{2}$	0	6
	0	1	$\frac{1}{2}$	$\frac{1}{2}$	0	$\frac{1}{2}$	0	20
④$+$③$\times(-1)$	0	0	$\frac{1}{2}$	$\frac{5}{2}$	0	$-\frac{1}{2}$	1	20

第1行にまだ 負の数があるので 同じ操作を繰り返す

	1	0	-4	-5	0	6	0	240
	0	0	$\frac{1}{2}$	$\frac{1}{2}$	$\frac{1}{2}$	$-\frac{1}{2}$	0	6
	0	1	$\frac{1}{2}$	$\frac{1}{2}$	0	$\frac{1}{2}$	0	20
	0	0	$\frac{1}{2}$	$\frac{5}{2}$	0	$-\frac{1}{2}$	1	20

第1行では -5 が最大に負　それ以外の第4列を 1 にする

	1	0	-4	-5	0	6	0	240
②$\times2$	0	0	1	1	1	-1	0	12
③$\times2$	0	2	1	1	0	1	0	40
④$\times\frac{2}{5}$	0	0	$\frac{1}{5}$	1	0	$-\frac{1}{5}$	$\frac{2}{5}$	8

定数項ベクトルの 8 を見て　第4行を固定し　第4列を掃き出す

①$+$④$\times5$	1	0	-3	0	0	5	2	280
②$+$④$\times(-1)$	0	0	$\frac{4}{5}$	0	1	$-\frac{4}{5}$	$-\frac{2}{5}$	4
③$+$④$\times(-1)$	0	2	$\frac{4}{5}$	0	0	$\frac{6}{5}$	$-\frac{2}{5}$	32
	0	0	$\frac{1}{5}$	1	0	$-\frac{1}{5}$	$\frac{2}{5}$	8

第1行にまだ 負の数があるので 同じ操作を繰り返す

（次ページに続く）

	1	0	$\boxed{-3}$	0	0	5	2	280	第1行では
	0	0	$\boxed{\frac{4}{5}}$	0	1	$-\frac{4}{5}$	$-\frac{2}{5}$	4	$\boxed{-3}$ が最大に負
	0	2	$\boxed{\frac{4}{5}}$	0	0	$\frac{6}{5}$	$-\frac{2}{5}$	32	それ以外の第2列を
	0	0	$\boxed{\frac{1}{5}}$	1	0	$-\frac{1}{5}$	$\frac{2}{5}$	8	1にする
	1	0	-3	0	0	5	2	280	定数項ベクトルの
②$\times\frac{5}{4}$	0	0	1	0	$\frac{5}{4}$	-1	$-\frac{1}{2}$	$\boxed{5}$	$\boxed{5}$ を見て
③$\times\frac{5}{4}$	0	$\frac{5}{2}$	1	0	0	$\frac{3}{2}$	$-\frac{1}{2}$	40	第2行を固定
④$\times5$	0	0	1	5	0	-1	2	40	第3列を掃き出す
①+②$\times3$	1	0	0	0	$\frac{15}{4}$	2	$\frac{1}{2}$	295	第1行に負の数が
	0	0	1	0	$\frac{5}{4}$	-1	$-\frac{1}{2}$	5	なくなった!!
③+②$\times(-1)$	0	$\frac{5}{2}$	0	0	$-\frac{5}{4}$	$\frac{5}{2}$	0	35	係数行列部分を
④+②$\times(-1)$	0	0	0	5	$-\frac{5}{4}$	0	$\frac{5}{2}$	35	単位行列に変形
	1	0	0	0	$\frac{15}{4}$	2	$\frac{1}{2}$	295	第5〜7列は除外
	0	0	$\boxed{1}$	0	$\frac{5}{4}$	-1	$-\frac{1}{2}$	5	第4列までを変形
	0	$\boxed{\frac{5}{2}}$	0	0	$-\frac{5}{4}$	$\frac{5}{2}$	0	35	第2行, 第3行を
	0	0	0	5	$-\frac{5}{4}$	0	$\frac{5}{2}$	35	入れ替える
	1	0	0	0	$\frac{15}{4}$	2	$\frac{1}{2}$	295	$(2,2)$ 成分と
③	0	$\boxed{\frac{5}{2}}$	0	0	$-\frac{5}{4}$	$\frac{5}{2}$	0	35	$(4,4)$ 成分を
②	0	0	1	0	$\frac{5}{4}$	-1	$-\frac{1}{2}$	5	1にする
	0	0	0	$\boxed{5}$	$-\frac{5}{4}$	0	$\frac{5}{2}$	35	
	1	0	0	0	$\frac{15}{4}$	2	$\frac{1}{2}$	295	係数行列部分が
②$\times\frac{2}{5}$	0	1	0	0	$-\frac{1}{2}$	1	0	14	単位行列になった!!
	0	0	1	0	$\frac{5}{4}$	-1	$-\frac{1}{2}$	5	
④$\times\frac{1}{5}$	0	0	0	1	$-\frac{1}{4}$	0	$\frac{1}{2}$	7	

Step 5: Step 4 で得られた拡大係数行列を連立 1 次方程式で表す.

$$
\begin{cases}
z & + \dfrac{15}{4}s_1 + 2s_2 + \dfrac{1}{2}s_3 & = & 295 \\[2mm]
x_1 & - \dfrac{1}{2}s_1 + s_2 & = & 14 \\[2mm]
x_2 & + \dfrac{5}{4}s_1 - s_2 - \dfrac{1}{2}s_3 & = & 5 \\[2mm]
x_3 & - \dfrac{1}{4}s_1 + \dfrac{1}{2}s_3 & = & 7
\end{cases}
$$

Step 6: Step 5 で得られた連立 1 次方程式で, 目的関数の 1 次方程式にある z 以外の未知数を すべて 0 として最適な実現可能解を求める.

目的関数の 1 次方程式にある z 以外の未知数は すべて 0 以上の実数であるという非負条件があったから, これらを 0 にすることにより目的関数が最大となり, 最適な実現可能解が得られる. いまの場合, s_1, s_2, s_3 がその未知数となるので,

$$s_1 = 0, \quad s_2 = 0, \quad s_3 = 0$$

とすると

$$
\begin{cases}
z = 295 \\
x_1 = 14 \\
x_2 = 5 \\
x_3 = 7
\end{cases}
$$

が得られる. このとき, 非負条件を含むすべての制約条件を満たしているので, これが最適な実現可能解となる. 以上から,

$$(x_1, x_2, x_3) = (14, 5, 7) \ \ \text{のとき}, \ \ z_{\max} = 295 \ \text{である}.$$

💥**注意**　この流れを表にすると, 以下のとおりである.

x_1	0	x_1	20	$20 - \dfrac{1}{2}x_3$	16	$16 - \dfrac{2}{5}x_2$	14
x_2	0	0	0	0	0	x_2	5
x_3	0	0	0	x_3	8	$8 - \dfrac{1}{5}x_2$	7
z	0	$12x_1$	240	$240 + 5x_3$	280	$280 + 3x_2$	295
s_1	52	$52 - 2x_1$	12	$12 - x_3$	4	$4 - \dfrac{4}{5}x_2$	0
s_2	40	$40 - 2x_1$	0	0	0	0	0
s_3	40	$40 - x_1$	20	$20 - \dfrac{5}{2}x_3$	0	0	0

問題 8.3　次の最大問題を シンプレックス法 で解きなさい.

maximize : $\quad z = 36x_1 + 28x_2 + 32x_3$

subject to : $\quad 2x_1 + 2x_2 + 8x_3 \leq 60, \quad 3x_1 + x_2 + 2x_3 \leq 80,$

$\qquad\qquad\quad x_1 \geq 0, \quad x_2 \geq 0, \quad x_3 \geq 0$

[解答]　$(x_1, x_2, x_3, s_1, s_2) = (25, 5, 0, 0, 0)$ のとき, $z_{\max} = 1040$

8−5　0 でないスラック変数が最適である場合

　この節では, 0 でないスラック変数が最適解をもたらすような最大問題について考察する. いままでの解法とどこが異なるのか, 注意してみてみよう.

例題 8.4　次の最大問題を シンプレックス法 で解きなさい.

maximize : $\quad z = 2x_1 + 3x_2$

subject to : $\quad x_1 + 4x_2 \leq 72$

$\qquad\qquad\quad x_1 + x_2 \leq 24$

$$3x_1 + x_2 \le 48$$

$$x_1 \ge 0, \quad x_2 \ge 0$$

[解答]　とりあえずシンプレックス法で進める.

Step 1:　目的関数の右辺を左辺に移項し, $z - \cdots = 0$ の形にする.

目的関数は $z = 2x_1 + 3x_2$ であるから, $z - 2x_1 - 3x_2 = 0$ と表せる.

Step 2:　制約条件にスラック変数を導入し, 1 次不等式を 1 次方程式にする.

スラック変数 s_1, s_2, s_3 を導入することにより, 以下のように書ける.

$$x_1 + 4x_2 + s_1 = 72$$

$$x_1 + x_2 + s_2 = 24$$

$$3x_1 + x_2 + s_3 = 48$$

$$s_1 \ge 0, \quad s_2 \ge 0, \quad s_3 \ge 0$$

Step 3:　Step 1 と Step 2 で得た 1 次方程式を連立させ, 拡大係数行列を求める.

$$\begin{bmatrix} 1 & -2 & -3 & 0 & 0 & 0 & | & 0 \\ 0 & 1 & 4 & 1 & 0 & 0 & | & 72 \\ 0 & 1 & 1 & 0 & 1 & 0 & | & 24 \\ 0 & 3 & 1 & 0 & 0 & 1 & | & 48 \end{bmatrix}$$

Step 4:　Step 3 で求めた拡大係数行列を基本変形する.

	1	-2	$\boxed{-3}$	0	0	0	0	第 1 行目では $\boxed{-3}$ が
	0	1	$\boxed{4}$	1	0	0	72	最大に負なので
	0	1	$\boxed{1}$	0	1	0	24	第 3 列の他の成分を
	0	3	$\boxed{1}$	0	0	1	48	1 にする
	1	-2	-3	0	0	0	0	定数項ベクトルの
②$\times\frac{1}{4}$	0	$\frac{1}{4}$	1	$\frac{1}{4}$	0	0	$\boxed{18}$	$\boxed{18}$ に着目
	0	1	1	0	1	0	24	第 2 行を固定し
	0	3	1	0	0	1	48	第 3 列を掃き出す
①$+$②$\times 3$	1	$-\frac{5}{4}$	0	$\frac{3}{4}$	0	0	54	第 1 行に
	0	$\frac{1}{4}$	1	$\frac{1}{4}$	0	0	18	負の数があるので
③$+$②$\times(-1)$	0	$\frac{3}{4}$	0	$-\frac{1}{4}$	1	0	6	この操作を繰り返す
④$+$②$\times(-1)$	0	$\frac{11}{4}$	0	$-\frac{1}{4}$	0	1	30	
	1	$\boxed{-\frac{5}{4}}$	0	$\frac{3}{4}$	0	0	54	第 1 行では $\boxed{-\frac{5}{4}}$ が
	0	$\boxed{\frac{1}{4}}$	1	$\frac{1}{4}$	0	0	18	最大に負なので
	0	$\boxed{\frac{3}{4}}$	0	$-\frac{1}{4}$	1	0	6	第 2 列の他の成分を
	0	$\boxed{\frac{11}{4}}$	0	$-\frac{1}{4}$	0	1	30	1 にする
	1	$-\frac{5}{4}$	0	$\frac{3}{4}$	0	0	54	定数項ベクトルの
②$\times 4$	0	1	4	1	0	0	72	$\boxed{8}$ に着目
③$\times\frac{4}{3}$	0	1	0	$-\frac{1}{3}$	$\frac{4}{3}$	0	8	第 3 行を固定し
④$\times\frac{4}{11}$	0	1	0	$-\frac{1}{11}$	0	$\frac{4}{11}$	$\frac{120}{11}$	第 2 列を掃き出す
①$+$③$\times\frac{5}{4}$	1	0	0	$\frac{1}{3}$	$\frac{5}{3}$	0	64	第 1 行に負の数が
②$+$③$\times(-1)$	0	0	4	$\frac{4}{3}$	$-\frac{4}{3}$	0	64	なくなった!!
	0	1	0	$-\frac{1}{3}$	$\frac{4}{3}$	0	8	係数行列部分を
④$+$③$\times(-1)$	0	0	0	$\frac{8}{33}$	$-\frac{4}{3}$	$\frac{4}{11}$	$\frac{32}{11}$	単位行列に変形

(次ページに続く)

	1	0	0	$\frac{1}{3}$	$\frac{5}{3}$	0	64	単位行列になりえない
	0	0	4	$\frac{4}{3}$	$-\frac{4}{3}$	0	64	第4列, 第5列を除く
	0	1	0	$-\frac{1}{3}$	$\frac{4}{3}$	0	8	第2行, 第3行を
	0	0	0	$\frac{8}{33}$	$-\frac{4}{3}$	$\frac{4}{11}$	$\frac{32}{11}$	入れ替える
	1	0	0	$\frac{1}{3}$	$\frac{5}{3}$	0	64	$(3,3)$ 成分と
③	0	1	0	$-\frac{1}{3}$	$\frac{4}{3}$	0	8	$(4,6)$ 成分を
②	0	0	4	$\frac{4}{3}$	$-\frac{4}{3}$	0	64	1 にする
	0	0	0	$\frac{8}{33}$	$-\frac{4}{3}$	$\frac{4}{11}$	$\frac{32}{11}$	
	1	0	0	$\frac{1}{3}$	$\frac{5}{3}$	0	64	
	0	1	0	$-\frac{1}{3}$	$\frac{4}{3}$	0	8	
③$\times\frac{1}{4}$	0	0	1	$\frac{1}{3}$	$-\frac{1}{3}$	0	16	
④$\times\frac{11}{4}$	0	0	0	$\frac{2}{3}$	$-\frac{11}{3}$	1	8	

Step 5: Step 4 で得られた拡大係数行列を連立1次方程式で表す.

$$
\begin{cases}
z & +\dfrac{1}{3}s_1 + \dfrac{5}{3}s_2 & & = & 64 \\[2mm]
x_1 & -\dfrac{1}{3}s_1 + \dfrac{4}{3}s_2 & & = & 8 \\[2mm]
x_2 & +\dfrac{1}{3}s_1 - \dfrac{1}{3}s_2 & & = & 16 \\[2mm]
& \dfrac{2}{3}s_1 - \dfrac{11}{3}s_2 & +s_3 & = & 8
\end{cases}
$$

Step 6: Step 5 で得られた連立1次方程式で, 目的関数の1次方程式にある z 以外の未知数を すべて 0 として最適な実現可能解を求める.

目的関数の式にある スラック変数は すべて 0 以上の実数である という非負条件があったから, これらを 0 にすることにより 目的関数が最大 となり,

最適な実現可能解が得られる．いまの場合，s_1，s_2 がその未知数となるので，$s_1 = 0$，$s_2 = 0$ とすると

$$\begin{cases} z = 64 \\ x_1 = 8 \\ x_2 = 16 \\ s_3 = 8 \end{cases}$$

が得られる．このとき，$s_3 = 8 \geq 0$ であるから非負条件を含むすべての制約条件を満たしているので，これが最適な実現可能解となる．以上から，答えは $(x_1, x_2) = (8, 16)$ のとき，$z_{\max} = 64$ と得られる．

注意　(1)　この流れを表にすると，以下のとおりである．

x_1	0	0	0	x_1	8
x_2	0	x_2	18	$18 - \dfrac{1}{4}x_1$	16
z	0	$3x_2$	54	$54 + \dfrac{5}{4}x_1$	64
s_1	72	$72 - 4x_2$	0	0	0
s_2	24	$24 - x_2$	6	$6 - \dfrac{3}{4}x_1$	0
s_3	48	$48 - x_2$	30	$30 - \dfrac{11}{4}x_1$	8

(2)　この状況をグラフで見てみると，次ページの図のとおりである．

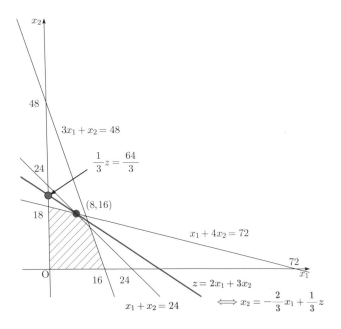

(3)　Step 6 で $s_3 = 8$ が得られたが, これは 例えば 利益を最大にするような製造をしたときに, この原材料だけ 8 余る ことを意味している (その他の原材料は $s_1 = 0$, $s_2 = 0$ であるから 余らない). 逆を言えば, この原材料を 8 余るように製造したとしても, 他のどの方法よりも利益を最大にすることができるのである.

> **問題 8.4**　次の最大問題を シンプレックス法 で解きなさい.
>
> maximize : $z = 300x_1 + 400x_2$
>
> subject to : $2x_1 + 3x_2 \leq 36$, $2x_1 + 2x_2 \leq 28$, $8x_1 + 2x_2 \leq 32$,
> $x_1 \geq 0$, $x_2 \geq 0$

[解答]　$(x_1, x_2, s_1, s_2, s_3) = \left(\frac{6}{5}, \frac{56}{5}, 0, \frac{16}{5}, 0 \right)$ のとき, $z_{\max} = 4840$

8–6　シンプレックス法のもつ数学的な意味

8–3 節でシンプレックス法を導入した. その際に用いた「Step 4: シンプレックス法による基本変形の手順」(p.140) はどのようにして得られたのか, また何

を意味しているのか説明しておこう.

再び例題 8.2 を考える.

maximize : $\quad z = 3x_1 + 2x_2$

subject to : $\quad 3x_1 + x_2 \leq 9$

$\qquad\qquad x_1 + 2x_2 \leq 8$

$\qquad\qquad x_1 \geq 0, \quad x_2 \geq 0$

まず, スラック変数 s_1, s_2 $(s_1 \geq 0,\ s_2 \geq 0)$ を用いて変形する [2].

$$\begin{cases} z - 3x_1 - 2x_2 = 0 & \cdots \ (Z_0) \\ 3x_1 + x_2 + s_1 = 9 & \cdots \ (A_0) \\ x_1 + 2x_2 + s_2 = 8 & \cdots \ (B_0) \end{cases}$$

拠りどころとするのは 8–2 節で検討した「視点 $\boxed{\text{B}}$」であるが, その 5 つのステップをさらに進化させて考える. これを「視点 $\boxed{\text{C}}$」と呼ぶ.

Step C–1: 目的関数 $z = 3x_1 + 2x_2$ を効率よく最大にするには, どうすればよいか?

X と Y のどちらの利益が大きいか調べよう. 目的関数の式 (Z_0)

$$z \underset{=}{-3}\,x_1\ \underline{-2}\,x_2\ =\ 0$$

において, x_1 と x_2 の係数で符号を正 (プラス) にしたものがそれぞれの利益である. つまり, x_1 と x_2 の係数で **負に最大** (負で絶対値が一番大きい数) をもつ未知数 x_1 の方が利益が大きいので, X をできるだけ多く作れば効率よく最大にできる. $\longrightarrow$ この操作が **Step 4 (i)** である.

---

[2] 以下, 非負条件は当然, 満たすものとして省略する.

> **Step C–2:** 制約条件のもと，X はどれだけ生産が可能か？

現時点での **目的関数** と **制約条件** の式をまとめると

$$\begin{cases} z - 3x_1 - 2x_2 = 0 & \cdots (Z_0) \\ \boxed{3}\,x_1 + x_2 + s_1 = 9 & \cdots (A_0) \\ x_1 + 2x_2 + s_2 = 8 & \cdots (B_0) \end{cases}$$

である．目的関数の式 (Z_0) を除く，制約条件 (A_0)，(B_0) において，x_1 の係数を 1 にすると

$$\begin{cases} z - 3x_1 - 2x_2 = 0 & \cdots (Z_1) \qquad ((Z_0)) \\ x_1 + \dfrac{1}{3}x_2 + \dfrac{1}{3}s_1 = \boxed{3} & \cdots (A_1) \qquad \left((A_0) \times \dfrac{1}{3}\right) \\ x_1 + 2x_2 + s_2 = 8 & \cdots (B_1) \qquad ((B_0) \times 1) \end{cases}$$

である [3]．(A_1) と (B_1) の右辺が各制約条件における X の生産可能な最大量を表している．したがって，制約条件をすべて満たす x_1 の値は これら目的関数の式を除く右辺のうち最小の値であるから $x_1 = \boxed{3}$ である [4]．ここで，(A_1) に $x_1 = \boxed{3}$ を代入すると

$$\boxed{3} + \frac{1}{3}x_2 + \frac{1}{3}s_1 = \boxed{3} \quad \Longleftrightarrow \quad \frac{1}{3}x_2 + \frac{1}{3}s_1 = 0$$

であるが，非負条件 $x_2 \geq 0$，$s_1 \geq 0$ よりこの式を満たす x_2，s_1 は

$$x_2 = \boxed{0}, \quad s_1 = 0$$

である．また，このときの目的関数 $z = 3x_1 + 2x_2$ の値は

---

[3] (A_1) は (A_0) の両辺を x_1 の係数である $\boxed{3}$ で割ったもの，(B_1) は (B_0) の x_1 の係数が 1 なので何もしていない．(Z_1) は 目的関数の式なので何もしていない．

[4] (A_1) の右辺の $\boxed{3}$ と，(B_1) の右辺の 8 を比較し，最小値を選んだ．

$$z = 3 \times \boxed{3} + 2 \times \boxed{0} = 9$$

である.

> **Step C–3:**　x_1 が最大のときの z は最大値か?

$(x_1, x_2) = \left(\boxed{3}, \boxed{0} \right)$ のときの目的関数の値は $z = 9$ である. これは最大値なのだろうか?

X の最大生産量 $x_1 = \boxed{3}$ の根拠となる式 (A_1)

$$x_1 + \frac{1}{3}x_2 + \frac{1}{3}s_1 = 3$$

を用いて, 残りの目的関数と B の制約条件から x_1 を消去するように基本変形すると

$$
\begin{cases}
\quad\ z - x_2 + s_1 = 9 & \cdots \ (\mathrm{Z}_2) \quad \big((\mathrm{Z}_1) + (\mathrm{A}_1) \times 3 \big) \\[2mm]
x_1 + \dfrac{1}{3}x_2 + \dfrac{1}{3}s_1 = 3 & \cdots \ (\mathrm{A}_2) \quad \big((\mathrm{A}_1) \big) \\[2mm]
\dfrac{5}{3}x_2 - \dfrac{1}{3}s_1 + s_2 = 5 & \cdots \ (\mathrm{B}_2) \quad \big((\mathrm{B}_1) + (\mathrm{A}_1) \times (-1) \big)
\end{cases}
$$

が得られる [5]. この第 1 式 (Z_2) を

$$z = 9 + x_2 - s_1$$

と変形すれば, x_2 の係数が 1 であることから Y を 1 リットル生産すると利益 z が 1 万円増えることがわかる. つまり, まだ利益を増やすことが可能なので, $(x_1, x_2) = \left(\boxed{3}, \boxed{0} \right)$ は目的関数 z を最大にする実現可能解ではない.

---

[5] この連立方程式から逆に変形すれば, Step C–2 の連立方程式が得られる. よって, これらの連立方程式は, 形は違うが同じものであるといえる.

> **Step C–4:** 制約条件のもと, Y (と X) はどの程度 生産できるか?

今度は, 制約条件 (A_2), (B_2) のもとでの Y の最大生産量を求めたい. Step C–2 で考察したのと同様に, 目的関数の式 (Z_2) を除く, 制約条件 (A_2), (B_2) において, x_2 の係数を 1 にすると

$$\begin{cases} z - x_2 + s_1 = 9 & \cdots \ (Z_3) \quad ((Z_2)) \\ 3x_1 + x_2 + s_1 = 9 & \cdots \ (A_3) \quad ((A_2) \times 3) \\ x_2 - \dfrac{1}{5}s_1 + \dfrac{3}{5}s_2 = \boxed{3} & \cdots \ (B_3) \quad \left((B_2) \times \dfrac{3}{5}\right) \end{cases}$$

である [6]. (A_3) と (B_3) の右辺が各制約条件における Y の生産可能な最大量を表している. したがって, $s_1 = 0$ のときに制約条件をすべて満たす x_2 の値はこれら目的関数の式を除く右辺のうち最小の値であるから $x_2 = \boxed{3}$ である [7].

ここで, (Z_3) に $x_2 = \boxed{3}$ を代入すると

$$z - \boxed{3} + s_1 = 9 \quad \Longleftrightarrow \quad z = 12 - s_1$$

であるが, 非負条件 $s_1 \geq 0$ より $s_1 = \boxed{0}$ とすればこの時点での z の最大値 12 を得る [8]. また, (A_3) に $x_2 = \boxed{3}$, $s_1 = \boxed{0}$ を代入すると

$$3x_1 + \boxed{3} + \boxed{0} = 9 \quad \Longleftrightarrow \quad x_1 = \boxed{2}$$

であり, (B_3) に $x_2 = \boxed{3}$, $s_1 = \boxed{0}$ を代入すると

$$\boxed{3} - \frac{1}{5} \times \boxed{0} + \frac{3}{5}s_2 = 3 \quad \Longleftrightarrow \quad s_2 = 0$$

である. このときの目的関数 $z = 3x_1 + 2x_2$ の値は

$$z = 3 \times \boxed{2} + 2 \times \boxed{3} = 12$$

---

[6] これも形は違うが, Step C–3 の連立方程式と同じとみてよい.

[7] (A_3) の右辺の 9 と, (B_3) の右辺の $\boxed{3}$ を比較し, 最小値を選んだ.

[8] $s_1 > 0$ とすると $z = 12 - s_1 < 12$ となり, 12 よりも小さくなってしまう.

である.

Step C–5: $(x_1, x_2) = (2, 3)$ が z を最大にする実現可能解か？

$(x_1, x_2) = \left(\boxed{2}, \boxed{3}\right)$ のときの目的関数の値は $z = 12$ で, 確かに Step C–3 で求めた $z = 9$ よりも大きな値となっている. では, 今度こそ これが最大値なのだろうか？ Step C–3 と同様に考察してみよう.

Y の最大生産量 $x_2 = \boxed{3}$ の根拠となる式 (B_3)

$$x_2 - \frac{1}{5}s_1 + \frac{3}{5}s_2 = 3$$

を用いて, 残りの目的関数と A の制約条件から x_2 を消去するように基本変形すると

$$
\begin{cases}
z + \dfrac{4}{5}s_1 + \dfrac{3}{5}s_2 = 12 & \cdots \quad (\text{Z}_4) \quad \left((\text{Z}_3) + (\text{B}_3) \times 1 \right) \\[2mm]
3x_1 + \dfrac{6}{5}s_1 - \dfrac{3}{5}s_2 = 6 & \cdots \quad (\text{A}_4) \quad \left((\text{A}_3) + (\text{B}_3) \times (-1) \right) \\[2mm]
x_2 - \dfrac{1}{5}s_1 + \dfrac{3}{5}s_2 = 3 & \cdots \quad (\text{B}_4) \quad \left((\text{B}_3) \right)
\end{cases}
$$

が得られる [9]. この第 1 式 (Z_4) は, 非負条件 $s_1 \geq 0$, $s_2 \geq 0$ より どのようにしても, これ以上 z を大きくすることはできないことを意味している [10]. つまり z の最大値は $s_1 = 0$, $s_2 = 0$ とした 12 である. 第 2 式 (A_4) はそのときの x_1 の値を, 第 3 式 (B_4) はそのときの x_2 の値を表している. よって, $(x_1, x_2) = \left(\boxed{2}, \boxed{3}\right)$ が, 目的関数 z を最大にする実現可能解である.

---

[9] これも Step C–4 の連立方程式と同じであるといえる

[10] $s_1 > 0$ または $s_2 > 0$ とすると $z = 12 - \dfrac{4}{5}s_1 - \dfrac{3}{5}s_2 < 12$ となり, 12 よりも小さくなってしまう.

問題 8.5 次の最大問題を, 視点 **C** に沿って解きなさい.

2 種類の粉末 A, B を混ぜて加工すると, 薬 X, Y が作れる. X を 1 リットル作るには, A を 4 kg, B を 1 kg 必要とし, Y を 1 リットル作るには, A を 3 kg, B を 2 kg 必要とするが, A, B はそれぞれ 60 kg, 30 kg しか在庫がない. また, X, Y を 1 リットル 販売したときの利益は それぞれ 3 万円, 4 万円 である. このとき, 利益を最大にするには, X と Y をどれだけ作ればよいか?

[解答]　詳しい解説は演習書 p.92〜97 を参照のこと.

maximize : $z = 3x_1 + 4x_2$

subject to : $4x_1 + 3x_2 \leq 60$,　$x_1 + 2x_2 \leq 30$,　$x_1 \geq 0$,　$x_2 \geq 0$

X を 6 リットル, Y を 12 リットル作ったときに最大の利益 66 万円を得る.

章末問題 8

章末問題 8.1　次の最大問題を数式で表し, (1) グラフで, (2) 視点 **B** に沿って, (3) スラック変数を用いて解きなさい.

2 種類の粉末 A, B を混ぜて加工すると, 薬 X, Y が作れる. X を 1 リットル作るには, A を 1 kg, B を 2 kg 必要とし, Y を 1 リットル作るには, A を 2 kg, B を 1 kg 必要とするが, A, B はそれぞれ 8 kg, 10 kg しか在庫がない. また, X, Y を 1 リットル 販売したときの利益は それぞれ 6 万円, 4 万円 である. このとき, 利益を最大にするには, X と Y をどれだけ作ればよいか?

[解答]　X を 4 リットル, Y を 2 リットル作ったときに最大の利益 32 万円を得る.

章末問題 8.2　次の最大問題を シンプレックス法 で解きなさい.

(1)　maximize :　$z = 4x_1 + 3x_2$

　　subject to :　$2x_1 + x_2 \le 30$,　$3x_1 + 4x_2 \le 60$,　$x_1 \ge 0$,　$x_2 \ge 0$

(2)　maximize :　$z = 6x_1 + 4x_2$

　　subject to :　$x_1 + 2x_2 \le 8$,　$2x_1 + x_2 \le 10$,　$x_1 \ge 0$,　$x_2 \ge 0$

(3)　maximize :　$z = 3x_1 + 4x_2$

　　subject to :　$4x_1 + 3x_2 \le 60$,　$x_1 + 2x_2 \le 30$,　$x_1 \ge 0$,　$x_2 \ge 0$

(4)　maximize :　$z = 24x_1 + 20x_2 + 22x_3$

　　subject to :　$x_1 + x_2 + x_3 \le 60$,　$2x_1 + x_2 + x_3 \le 80$,　$x_1 + x_2 + 3x_3 \le 80$,　$x_1 \ge 0$,　$x_2 \ge 0$,　$x_3 \ge 0$

[解答]　(1)　$(x_1, x_2) = (12, 6)$ のとき, $z_{\max} = 66$

(2)　$(x_1, x_2, s_1, s_2) = (4, 2, 0, 0)$ のとき, $z_{\max} = 32$

(3)　$(x_1, x_2, s_1, s_2) = (6, 12, 0, 0)$ のとき, $z_{\max} = 66$

(4)　$(x_1, x_2, x_3, s_1, s_2, s_3) = (20, 30, 10, 0, 0, 0)$ のとき, $z_{\max} = 1300$

章末問題 8.3

(1)　ある製造会社が材料 A, B, C をそれぞれ 15, 10, 20 所有している. 製品 X を 1 個作るのに, A を 3, B を 1, C を 2 必要とし, Y を 1 個作るのに A を 1, B を 2, C を 2 必要とする. これらを販売すると, X は 1 個あたり 3 万円, Y は 1 個あたり 2 万円の利益が得られるという. このとき, 利益を最大にするには, X と Y をそれぞれどのくらい製造すればよいか？

(2)　ある製鉄会社では, 2 種類の鉄製品 A, B を作っている. A を 1 個作るには, 溶解に 2 時間, 圧延に 4 時間, 切断に 10 時間を要し, B を 1 個作るには, 溶解に 5 時間, 圧延に 1 時間, 切断に 5 時間を要する. この会社では, 1 週間あたり, 溶解には 40 時間, 圧延には 20 時間, 切断には 60 時間しかかけることができない. A の利益が 24 万円, B の利益が 8 万円とするとき, 利益を最大にする生産量の組み合わせと, そのときの最大利益を求めなさい.

[解答]　(1)　X を 4 個, Y を 3 個 製造したとき, 最大の利益 18 万円

(2)　A を 4 個, B を 4 個 製造したとき, 最大の利益 128 万円

章末問題 8.4　　問題 8.5 を (1) グラフで, (2) 視点 $\boxed{\text{B}}$ に沿って, (3) スラック変数を用いて解き, 視点 $\boxed{\text{C}}$ の考え方と比較しなさい.

第9章　最小問題と双対問題

　この章では, これまでの知識を活用して線形計画問題の最大問題と最小問題の関係について考察し, 最小問題の解決を目指す. 最初に線形計画問題の最小問題について解説し, 第8章で述べた最大問題との関係を結ぶ双対問題の考え方について述べる. さらに, 双対定理を紹介し, それを利用した最小問題の解法についても説明する.

9-1　線形計画問題の最小問題

　線形計画問題とその最大問題については第0章, 第8章で述べた. ここでは線形計画問題 の 最小問題 を主に考える.

　例えば, 次のような問題を考えよう.

> あなたは, 1週間にビタミン C, E をそれぞれ少なくとも 300 mg, 40 mg 摂取しようとしている. X社のドリンク剤1本には ビタミン C が 60 mg, ビタミン E が 8 mg 含まれていて 450 円で販売されており, Y社のドリンク剤1本には ビタミン C が 20 mg, ビタミン E が 16 mg 含まれていて 400 円で販売されている. 目標のビタミンをすべて摂取しつつ, 出費を最小に抑えるためには, X社, Y社のドリンク剤をそれぞれ何本購入すればよいか?

このように, ある量を確保しつつ 別のある量を最小にするような配分を求める問題を 最小問題 という.

　最小問題を数学の側面から考察するため, まずはこの状況を数式で表してみよう. 求めるべきものを未知数とするわけだが, この問題では何を求めればよいか考えると, 問題文に

　　　「X社, Y社のドリンク剤をそれぞれ何本購入すればよいか」

とあるので, X 社のドリンク剤を x 本, Y 社のドリンク剤を y 本購入するとすればよい. ただし, $x \geq 0$, $y \geq 0$ とする.

次に, 問題文をみながら, 下の表を完成させる.

	X 社	Y 社	最低摂取量
購入費用 (円)			
ビタミン C (mg)			
ビタミン E (mg)			

Step 1　ビタミン C, E をそれぞれ少なくとも 300 mg, 40 mg 摂取する.

	X 社	Y 社	最低摂取量
購入費用 (円)			
ビタミン C (mg)			300
ビタミン E (mg)			40

Step 2　X 社のドリンク剤 1 本には ビタミン C が 60 mg, ビタミン E が 8 mg 含まれていて 450 円で販売する.

	X 社	Y 社	最低摂取量
購入費用 (円)	450		
ビタミン C (mg)	60		300
ビタミン E (mg)	8		40

Step 3　Y 社のドリンク剤 1 本には ビタミン C が 20 mg, ビタミン E が 16 mg 含まれていて 400 円で販売する.

	X 社	Y 社	最低摂取量
購入費用 (円)	450	400	
ビタミン C (mg)	60	20	300
ビタミン E (mg)	8	16	40

この表をもとに式を作ろう. X 社のドリンク剤を x 本, Y 社のドリンク剤を y 本購入しようとしているので, 購入費用を w とすると 購入費用の行から, 1

つの等式

$$w = 450x + 400y$$

が得られる[1]. また, X と Y の行から, 2 つの不等式

$$60x + 20y \geq 300$$

$$8x + 16y \geq 40$$

が得られる. よって, この問題は次のような「数学的な」問題としてまとめられる.

制約条件　　　　　　$60x + 20y \geq 300$

$$8x + 16y \geq 40$$

$$x \geq 0, \quad y \geq 0 \quad (非負条件)$$

を満たしながら, 目的関数

$$w = 450x + 400y$$

を最小にする実現可能解 (x, y) を求め, そのときの最小値 $w_{\min}$ を求めなさい.

ここに, $w_{\min}$ は w の最小値 (minimum) を表す記号である.

最大問題のときと同じように, 最小問題も次のように省略して書く[2].

minimize : $w = 450x + 400y$

subject to : $60x + 20y \geq 300$

$$8x + 16y \geq 40$$

$$x \geq 0, \quad y \geq 0$$

---

[1] 最大問題の目的関数は z を用いたが, 最小問題の目的関数は w を用いることにする.

[2] minimize は「最小にしなさい」, subject to は「～を条件として」という意味である.

問題 9.1 次の最小問題を，minimize, subject to を用いて数式のみで表しなさい.

(1) P 社では原料 A, B をセットにした2種類の割安なセット商品 X, Y の販売を予定している. セット X は A が 3 kg と B が 1 kg, セット Y は A が 1 kg と B が 2 kg の組み合わせで, それらの販売価格はそれぞれ 3 万円以上と 2 万円以上を希望している. Q 社では原料 A と B が不足しているので, P 社から割安なセット商品で A を 9 kg と B を 8 kg 購入することにした. P 社では希望価格でセット販売するだろうが, Q 社としては 購入費用をできる限り最小にしたい. Q 社は P 社から原料 A と B を 1 kg あたりいくらで購入すればよいか?

(2) ある人が, 1 週間に栄養素 A, B, C をそれぞれ少なくとも 36 mg, 28 mg, 32 mg 摂取しようとしている. X 社のドリンク剤 1 本には A が 2 mg, B が 2 mg, C が 8 mg 含まれていて 300 円で販売されており, Y 社のドリンク剤 1 本には A が 3 mg, B が 2 mg, C が 2 mg 含まれていて 400 円で販売されている. 目標の栄養素をすべて摂取しつつ, 出費を最小に抑えるための組み合わせと, そのときの最小費用を求めなさい.

[**解答**]　詳しい解説は演習書 p.103〜104 を参照のこと.

(1) minimize : $w = 9x + 8y$
　　subject to : $3x + y \geq 3$
　　　　　　　　 $x + 2y \geq 2$
　　　　　　　　 $x \geq 0, \quad y \geq 0$

(2) minimize : $w = 300x + 400y$
　　subject to : $2x + 3y \geq 36$
　　　　　　　　 $2x + 2y \geq 28$
　　　　　　　　 $8x + 2y \geq 32$
　　　　　　　　 $x \geq 0, \quad y \geq 0$

注意　最小問題も, 最大問題と同様にグラフで解ける場合もある.

9-2　双対問題

まずはじめに，サープラス変数を導入する[3]．サープラス変数 とは，スラック変数と同様に制約条件を表す不等式を 等式 で表す際に用いる変数のことである．例えば，

$$60x + 20y \geq 300$$

という制約条件があったとき，左辺から ある 負でない 実数 t $(t \geq 0)$ を引けば

$$60x + 20y - t = 300$$

とできるはずである．この t が サープラス変数 である．このサープラス変数を導入するメリットは，スラック変数と同様に不等式を等式にすることで連立 1 次方程式の理論が使える点である．

前節の冒頭で扱った問題の場合，非負条件を除く 制約条件 は

$$60x + 20y \geq 300$$
$$8x + 16y \geq 40$$

の 2 つの不等式で表されているから，2 つのサープラス変数 t_1, t_2 を導入して

$$60x + 20y - t_1 = 300$$
$$8x + 16y - t_2 = 40$$
$$t_1 \geq 0, \quad t_2 \geq 0$$

と表すことができる．

---

[3] サープラス (surplus) の意味は，「余り，過剰」などである．スラックとサープラスの日本語訳は同じであるが，それぞれの英単語を詳しく調べると，スラック (slack) は「小さい量を基準にして考えたときに，あとの程度増やせば大きい量と同じになるか」という意味を，サープラス (surplus) は「大きい量を基準にして考えたときに，それは小さい量 (必要量) からどれだけ多いのか」という意味をもつようである．したがって，扱う不等式の向きによってその呼び名は変わるが，本質 (考えている「大と小の差」) は同じである．

これから最大問題と最小問題の関係を考察するにあたり，変数を以下のように統一する．

最大問題の未知数	$x_1,\ x_2,\ x_3,\ \cdots$
最大問題の目的関数	z
最大問題のスラック変数	$s_1,\ s_2,\ s_3,\ \cdots$
最小問題の未知数	$y_1,\ y_2,\ y_3,\ \cdots$
最小問題の目的関数	w
最小問題のサープラス変数	$t_1,\ t_2,\ t_3,\ \cdots$

第 0 章，第 8 章で述べたように，線形計画問題の最大問題は次のような形で与えられる．

線形計画問題の最大問題 (一般形)

$$\text{maximize}: \quad z = p_1 x_1 + p_2 x_2 + \cdots + p_n x_n$$
$$\text{subject to}: \quad a_{11}x_1 + a_{12}x_2 + \cdots + a_{1n}x_n \le b_1$$
$$a_{21}x_1 + a_{22}x_2 + \cdots + a_{2n}x_n \le b_2$$
$$\cdots$$
$$a_{m1}x_1 + a_{m2}x_2 + \cdots + a_{mn}x_n \le b_m$$
$$x_1 \ge 0, \quad x_2 \ge 0, \quad \cdots, \quad x_n \ge 0$$

8-3 節で述べたように，この問題は次の行列で表される[4]．

$$\left[\begin{array}{ccccc|c} a_{11} & a_{12} & \cdots & \cdots & a_{1n} & b_1 \\ a_{21} & a_{22} & \cdots & \cdots & a_{2n} & b_2 \\ \vdots & \vdots & \ddots & \ddots & \vdots & \vdots \\ a_{m1} & a_{m2} & \cdots & \cdots & a_{mn} & b_m \\ \hline p_1 & p_2 & \cdots & \cdots & p_n & \end{array}\right]$$

一方，前節で述べたように，線形計画問題の最小問題は一般に次のような形で与えられる．

---

[4] シンプレックス法の中で現れる「連立方程式の拡大係数行列」とは異なることに注意．

線形計画問題の最小問題 (一般形)

$$
\text{minimize}: \quad w = q_1\,y_1 + q_2\,y_2 + \cdots + q_n\,y_n
$$

$$
\begin{aligned}
\text{subject to}: \quad & c_{11}\,y_1 + c_{12}\,y_2 + \cdots + c_{1n}\,y_n \geq d_1 \\
& c_{21}\,y_1 + c_{22}\,y_2 + \cdots + c_{2n}\,y_n \geq d_2 \\
& \qquad\qquad \cdots \\
& c_{m1}\,y_1 + c_{m2}\,y_2 + \cdots + c_{mn}\,y_n \geq d_m \\
& y_1 \geq 0, \quad y_2 \geq 0, \quad \cdots, \quad y_n \geq 0
\end{aligned}
$$

　この最小問題の 制約条件を表す不等式と目的関数の各係数 をそれぞれ取り出して行列で表すと以下のとおりである.

$$
\left[\begin{array}{ccccc|c}
c_{11} & c_{12} & \cdots & \cdots & c_{1n} & d_1 \\
c_{21} & c_{22} & \cdots & \cdots & c_{2n} & d_2 \\
\vdots & \vdots & \ddots & \ddots & \vdots & \vdots \\
c_{m1} & c_{m2} & \cdots & \cdots & c_{mn} & d_m \\
\hline
q_1 & q_2 & \cdots & \cdots & q_n &
\end{array}\right]
$$

　行列の第 1 行を第 1 列に, 第 2 行を第 2 列に, ……と行と列を入れ替えた行列のことを 転置行列 という[5].

　最小問題の係数を表す行列が, 最大問題の係数を表す行列の転置行列となっているとき, これらの関係は 双対 であるといい, おおもとの問題を 主問題, 主問題に対するもう一方の問題を 双対問題 という. 双対問題の双対問題は主問題となる.

　具体的な例を次でみてみよう.

---

[5] 行列 A の転置行列を ${}^t\!A$ と表す. 記号 ^{t} は, 転置されたという意味の英語 transposed の頭文字 t を記号化したものである.

例 9.1

次の 2 つの問題を数式化して比較しなさい.

【1】W 塾ではアルバイト講師を募集することにした. 開設科目は「スタンダード数学」と「ハイレベル数学」の 2 科目で, 授業時間数はそれぞれ 30 と 15 である. すでにアルバイト講師の応募者が 3 名おり, そのうち P さんは「スタンダード数学」4 時間と「ハイレベル数学」1 時間, Q さんはそれぞれ 3 時間と 2 時間, R さんはそれぞれ 2 時間と 3 時間の講義担当を希望している. そこで, P さんと Q さんには少なくとも 13000 円以上, R さんには少なくとも 14000 円以上のアルバイト料の支払いを約束して採用することにした.

W 塾では彼ら 3 人との支払約束を守ったうえで, アルバイト料の出費総額が最も少なくなるように「スタンダード数学」と「ハイレベル数学」の講義料単価を算出したい. それぞれの単価と, そのとき W 塾が支出するアルバイト料の総額はいくらか?

【2】W 塾では「スタンダード数学」と「ハイレベル数学」の 2 科目をセットにした 3 つのコースを設けている. A コースでは「スタンダード数学」4 時間と「ハイレベル数学」1 時間, B コースではそれぞれ 3 時間と 2 時間, C コースではそれぞれ 2 時間と 3 時間の指導を受けることができる. 各コースの受講料は, A コースと B コースが 13000 円, C コースが 14000 円であるが, 担当講師の都合により W 塾での個別指導総時間数は「スタンダード数学」で 30 時間以内,「ハイレベル数学」で 15 時間以内に限られている.

W 塾でこの 3 コースによる受講料収入が最も多く得られるのは, 各コースの受講者がそれぞれ何人の場合か, そしてそのときの収入総額はいくらになるか?

それぞれ数式化して比較してみよう.

【1】において,「スタンダード数学」と「ハイレベル数学」の講義料単価を
それぞれ y_1 円, y_2 円とし, W 塾が支出するアルバイト料の総額を w 円とすれ
ば, これは次の最小問題として表される.

$$\begin{aligned}
\text{minimize}: \quad & w = \boxed{30}\, y_1 + \boxed{15}\, y_2 \\
\text{subject to}: \quad & \boxed{4}\, y_1 + \boxed{1}\, y_2 \geq \boxed{13000} \\
& \boxed{3}\, y_1 + 2y_2 \geq \boxed{13000} \\
& 2y_1 + 3y_2 \geq \boxed{14000} \\
& y_1 \geq 0, \quad y_2 \geq 0
\end{aligned}$$

この問題を行列で表すと

$$\left[\begin{array}{cc|c}
\boxed{4} & \boxed{1} & 13000 \\
\boxed{3} & 2 & 13000 \\
2 & 3 & 14000 \\
\hline
\boxed{30} & \boxed{15} &
\end{array}\right]$$

となる.

一方,【2】において,「A コース受講者数」,「B コース受講者数」,「C コー
ス受講者数」をそれぞれ x_1 人, x_2 人, x_3 人とし, W 塾がこの 3 コースで得る
受講料収入総額を z 円とすれば, これは次の最大問題として表される.

$$\begin{aligned}
\text{maximize}: \quad & z = \boxed{13000}\, x_1 + \boxed{13000}\, x_2 + \boxed{14000}\, x_3 \\
\text{subject to}: \quad & \boxed{4}\, x_1 + \boxed{3}\, x_2 + 2x_3 \leq \boxed{30} \\
& \boxed{1}\, x_1 + 2x_2 + 3x_3 \leq \boxed{15} \\
& x_1 \geq 0, \quad x_2 \geq 0, \quad x_3 \geq 0
\end{aligned}$$

これを行列で表すと

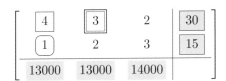

となって，確かにこれらの行列は互いに転置行列の関係になっている．よって
これらが双対問題になっていることがわかる．

問題 9.2 次の各問題を主問題とするとき，その双対問題を <u>数式で</u> 表し
なさい．

(1) maximize : $z = 3x_1 + 2x_2$

    subject to : $3x_1 + x_2 \leq 15$

                    $x_1 + 2x_2 \leq 10$

                    $x_1 \geq 0, \quad x_2 \geq 0$

(2) minimize : $w = 15y_1 + 10y_2 + 20y_3$

    subject to : $3y_1 + y_2 + 2y_3 \geq 3$

                    $y_1 + 2y_2 + 2y_3 \geq 2$

                    $y_1 \geq 0, \quad y_2 \geq 0, \quad y_3 \geq 0$

[**解答**] 詳しい解説は 演習書 p.105〜106 を参照のこと．

(1) minimize : $w = 15y_1 + 10y_2$

    subject to : $3y_1 + y_2 \geq 3$

                    $y_1 + 2y_2 \geq 2$

                    $y_1 \geq 0, \quad y_2 \geq 0$

(2) maximize : $z = 3x_1 + 2x_2$

    subject to : $3x_1 + x_2 \leq 15$

                    $x_1 + 2x_2 \leq 10$

                    $2x_1 + 2x_2 \leq 20$

                    $x_1 \geq 0, \quad x_2 \geq 0$

9–3　最小問題の解き方

　線形計画問題の 主問題 と 双対問題 の最適な 実現可能解 に関して, 次の定理 [6] が成り立つ.

定理 9.1　(双対定理)

　最小問題を主問題とする. このとき, 双対問題 (最大問題) の目的関数の最大値 $z_{\max}$ は, 最適な実現可能解があるならば主問題 (最小問題) の目的関数の最小値 $w_{\min}$ に等しい.

　また, 双対問題 (最大問題) の最適な実現可能解の未知数 $(x_1, x_2, \cdots, x_n)$ のうち 0 でない x_i があれば, それに対応する主問題 (最小問題) の最適な実現可能解のサープラス変数 $(t_1, t_2, \cdots, t_n)$ の t_i は 0 となり, 双対問題 (最大問題) の最適な実現可能解のスラック変数 $(s_1, s_2, \cdots, s_m)$ のうち 0 でない s_j があれば, それに対応する主問題 (最小問題) の最適な実現可能解の未知数 $(y_1, y_2, \cdots, y_m)$ の y_j は 0 となる.

双対定理の主張を簡単にまとめると次のようになる.

双対問題 (最大問題) の最適な実現可能解が存在するならば, 次を満たす.

$$
\begin{array}{ccc}
z_{\max} & = & w_{\min} \\
x_1 \neq 0 & \Longrightarrow & t_1 = 0 \\
x_2 \neq 0 & \Longrightarrow & t_2 = 0 \\
& \vdots & \\
x_n \neq 0 & \Longrightarrow & t_n = 0 \\
s_1 \neq 0 & \Longrightarrow & y_1 = 0 \\
s_2 \neq 0 & \Longrightarrow & y_2 = 0 \\
& \vdots & \\
s_m \neq 0 & \Longrightarrow & y_m = 0
\end{array}
$$

---

[6] 双対定理の証明は線形代数学のあらゆる知識が必要となるため, 本書では省略する. 興味があれば, 例えば巻末の関連図書 [9] を参照のこと.

ここでは「$s_i = 0 \Longrightarrow y_i \neq 0$」「$t_j = 0 \Longrightarrow x_j \neq 0$」とは主張していない点に注意しよう ($x_i$ についても同様である).

この定理を用いて実際に最小問題を解いてみよう. はじめに最小問題の双対問題 (最大問題) を作り, シンプレックス法により最適な実現可能解を求める. その後, 双対定理を用いて最小問題の最適な実現可能解を求める.

問題 9.1 (1) の最小問題を解いてみる.

例題 9.1 次の最小問題を 双対定理を使って 解きなさい.

$$\text{minimize}: \quad w = 9y_1 + 8y_2$$
$$\text{subject to}: \quad 3y_1 + y_2 \geq 3$$
$$y_1 + 2y_2 \geq 2$$
$$y_1 \geq 0, \quad y_2 \geq 0$$

[**解答**]　まずは, この最小問題の双対問題を考える. 主問題は

$$\text{minimize}: \quad w = \boxed{9}\,y_1 + \boxed{8}\,y_2$$
$$\text{subject to}: \quad \boxed{3}\,y_1 + \boxed{1}\,y_2 \geq 3$$
$$\boxed{1}\,y_1 + 2y_2 \geq 2$$
$$y_1 \geq 0, \quad y_2 \geq 0$$

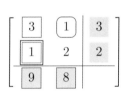

であるから, 双対問題は以下のとおりである.

$$\text{maximize}: \quad z = \boxed{3}\,x_1 + \boxed{2}\,x_2$$
$$\text{subject to}: \quad \boxed{3}\,x_1 + \boxed{1}\,x_2 \leq \boxed{9}$$
$$\boxed{1}\,x_1 + 2x_2 \leq \boxed{8}$$
$$x_1 \geq 0, \quad x_2 \geq 0$$

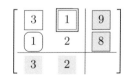

この双対問題 (最大問題) は 例題 8.2 (p.139) ですでに解いており,

$$(x_1,\ x_2,\ s_1,\ s_2) = (2,\ 3,\ 0,\ 0)\ \text{のとき},\quad z_{\max} = 12$$

が最適な実現可能解である. このとき, 双対定理 (定理 9.1) より次の関係が成り立つ.

$$
\begin{array}{ccc}
z_{\max} = 12 & \longleftrightarrow & w_{\min} = 12 \\
x_1 = 2 \ \neq 0 & \Longrightarrow & t_1 = 0 \\
x_2 = 3 \ \neq 0 & \Longrightarrow & t_2 = 0 \\
s_1 = 0 & \Longrightarrow & y_1 = ? \\
s_2 = 0 & \Longrightarrow & y_2 = ?
\end{array}
$$

主問題 (最小問題) を解くために, サープラス変数 $t_1,\ t_2\ (t_1,\ t_2 \geq 0)$ を導入し, 主問題 (最小問題) の不等式を等式に書き換えると

$$
\begin{aligned}
\text{minimize}: \quad & w = 9y_1 + 8y_2 \\
\text{subject to}: \quad & 3y_1 + y_2 - t_1 = 3 \\
& y_1 + 2y_2 - t_2 = 2 \\
& y_1 \geq 0, \quad y_2 \geq 0, \quad t_1 \geq 0, \quad t_2 \geq 0
\end{aligned}
$$

である. ここで, 制約条件に双対定理から得られた値 $t_1 = t_2 = 0$ を代入した連立 1 次方程式

$$
\begin{cases}
3y_1 + y_2 = 3 \\
y_1 + 2y_2 = 2
\end{cases}
$$

を解けば, 主問題 (最小問題) の最適な実現可能解が得られる. この連立 1 次方程式の拡大係数行列を簡約化すると

$$
\left[\begin{array}{cc|c} 3 & 1 & 3 \\ 1 & 2 & 2 \end{array}\right]
\longrightarrow
\left[\begin{array}{cc|c} 1 & 2 & 2 \\ 3 & 1 & 3 \end{array}\right]
$$

$$
\longrightarrow
\left[\begin{array}{cc|c} 1 & 2 & 2 \\ 0 & -5 & -3 \end{array}\right]
\longrightarrow
\left[\begin{array}{cc|c} 1 & 2 & 2 \\ 0 & 1 & \frac{3}{5} \end{array}\right]
\longrightarrow
\left[\begin{array}{cc|c} 1 & 0 & \frac{4}{5} \\ 0 & 1 & \frac{3}{5} \end{array}\right]
$$

であるから, 主問題 (最小問題) の最適な実現可能解は

$$(y_1,\ y_2,\ t_1,\ t_2) = \left(\frac{4}{5},\ \frac{3}{5},\ 0,\ 0\right)$$

である. また, このときの目的関数の値は

$$w\ =\ 9y_1 + 8y_2\ =\ 9 \times \frac{4}{5} + 8 \times \frac{3}{5}\ =\ 12$$

であり, 双対問題 (最大問題) の目的関数の最大値と同じである. よって, 主問題 (最小問題) の最適な実現可能解は

$$(y_1,\ y_2) = \left(\frac{4}{5},\ \frac{3}{5}\right)\ \text{のとき,}\quad w_{\min} = 12$$

である.

☆**注意**　この最小問題は未知数の数が 2 つなのでグラフを使って解くこともできる.

問題 9.3　次の最小問題を 双対定理を使って 解きなさい.
   minimize :　$w = 15y_1 + 10y_2$
   subject to :　$3y_1 + y_2 \geq 3,\quad y_1 + 2y_2 \geq 2,\quad y_1 \geq 0,\quad y_2 \geq 0$

⇒**ヒント**⇐　双対問題 (最大問題) の最適な実現可能解は $(x_1, x_2, s_1, s_2) = (4, 3, 0, 0)$ のとき, $z_{\max} = 18$ である.

[**解答**]　$(y_1, y_2, t_1, t_2) = \left(\frac{4}{5}, \frac{3}{5}, 0, 0\right)$ のとき, $w_{\min} = 18$

章末問題 9

章末問題 9.1　次の各問題を主問題とするとき, その双対問題を数式で表しなさい.

(1)　maximize :　$z = 6x_1 + 4x_2$
　　subject to :　$x_1 + 2x_2 \leq 8,\quad 2x_1 + x_2 \leq 10,\quad x_1 \geq 0,\quad x_2 \geq 0$

(2)　maximize :　$z = 3x_1 + 4x_2$
　　subject to :　$4x_1 + 3x_2 \leq 60,\quad x_1 + 2x_2 \leq 30,\quad x_1 \geq 0,\quad x_2 \geq 0$

(3)   minimize : $w = 36y_1 + 40y_2 + 28y_3$

subject to : $6y_1 + 5y_2 + 2y_3 \geq 5$, $2y_1 + 5y_2 + 4y_3 \geq 3$,

$y_1 \geq 0$, $y_2 \geq 0$, $y_3 \geq 0$

［解答］ (1)   minimize : $w = 8y_1 + 10y_2$

subject to : $y_1 + 2y_2 \geq 6$, $2y_1 + y_2 \geq 4$, $y_1 \geq 0$, $y_2 \geq 0$

(2)   minimize : $w = 60y_1 + 30y_2$

subject to : $4y_1 + y_2 \geq 3$, $3y_1 + 2y_2 \geq 4$, $y_1 \geq 0$, $y_2 \geq 0$

(3)   maximize : $z = 5x_1 + 3x_2$

subject to : $6x_1 + 2x_2 \leq 36$, $5x_1 + 5x_2 \leq 40$,

$2x_1 + 4x_2 \leq 28$, $x_1 \geq 0$, $x_2 \geq 0$

章末問題 9.2   次の最小問題を 双対定理を使って 解きなさい.

(1)   minimize : $w = 8y_1 + 10y_2$

subject to : $y_1 + 2y_2 \geq 6$, $2y_1 + y_2 \geq 4$, $y_1 \geq 0$, $y_2 \geq 0$

(2)   minimize : $w = 30y_1 + 60y_2$

subject to : $2y_1 + 3y_2 \geq 4$, $y_1 + 4y_2 \geq 3$, $y_1 \geq 0$, $y_2 \geq 0$

ミヒントミ   双対問題 (最大問題) の最適な実現可能解は以下のとおりである.

(1) $(x_1, x_2, s_1, s_2) = (4, 2, 0, 0)$ のとき, $z_{\max} = 32$

(2) $(x_1, x_2, s_1, s_2) = (12, 6, 0, 0)$ のとき, $z_{\max} = 66$

［解答］ (1) $(y_1, y_2, t_1, t_2) = \left(\frac{2}{3}, \frac{8}{3}, 0, 0\right)$ のとき, $w_{\min} = 32$

(2) $(y_1, y_2, t_1, t_2) = \left(\frac{7}{5}, \frac{2}{5}, 0, 0\right)$ のとき, $w_{\min} = 66$

章末問題 9.3   次の各問に答えなさい.

(1) 次の問題を主問題とするとき, その双対問題を数式で表しなさい. また, こ
れらの数式が表す主問題と双対問題の例をそれぞれ 1 つ挙げなさい.

maximize : $z = 24x_1 + 20x_2 + 22x_3$

subject to : $x_1 + x_2 + x_3 \leq 60$, $2x_1 + x_2 + x_3 \leq 80$,

$x_1 + x_2 + 3x_3 \leq 80$, $x_1 \geq 0$, $x_2 \geq 0$, $x_3 \geq 0$

(2)　例 9.1【2】(p.171) の問題 (最大問題) を解きなさい.

<ヒント>　(1)　後者については本書の例などを参考にするとよい.

(2)　この最大問題の数式化は 例 9.1 を参照のこと.

[**解答**]　詳しい解説は 演習書 p.107〜109 を参照のこと.

(1)　minimize :　$w = 60y_1 + 80y_2 + 80y_3$

　　subject to :　$y_1 + 2y_2 + y_3 \geq 24, \quad y_1 + y_2 + y_3 \geq 20,$

　　　　　　　　$y_1 + y_2 + 3y_3 \geq 22, \quad y_1 \geq 0, \quad y_2 \geq 0, \quad y_3 \geq 0$

(2)　A コース受講者数 6 人, B コース受講者数 0 人, C コース受講者数 3 人のとき, W 塾ではこれら 3 つのコースによる受講料収入の最高額 120000 円を得る.

第10章　複雑な最小問題

　この章では, いくつかの複雑な最小問題の解法を紹介する. これらの方法を理解すれば, ほとんどの最小問題は解けるはずである.

10-1　3つの変数が現れる最小問題

変数が3つである最小問題について考察する.

例題 10.1　次の最小問題を解きなさい.

$$\text{minimize}: \quad w = 52y_1 + 40y_2 + 40y_3$$

$$\text{subject to}: \quad 2y_1 + 2y_2 + y_3 \geq 12$$

$$2y_1 + y_2 + y_3 \geq 10$$

$$2y_1 + y_2 + 3y_3 \geq 11$$

$$y_1 \geq 0, \quad y_2 \geq 0, \quad y_3 \geq 0$$

[**解答**]　まずは, この最小問題の双対問題を考える. 主問題の行列表現, およびその転置行列は,

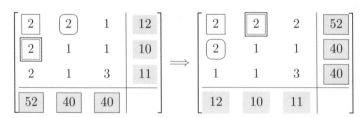

であるから, 双対問題は以下のようになる.

$$\text{maximize}: \quad z = \boxed{12}\, x_1 + \boxed{10}\, x_2 + \boxed{11}\, x_3$$

$$\text{subject to}: \quad \boxed{2}\, x_1 + \boxed{2}\, x_2 + 2x_3 \le \boxed{52}$$

$$\boxed{2}\, x_1 + x_2 + x_3 \le \boxed{40}$$

$$x_1 + x_2 + 3x_3 \le \boxed{40}$$

$$x_1 \ge 0, \quad x_2 \ge 0, \quad x_3 \ge 0$$

この双対問題 (最大問題) は 例題 8.3 (p.145) ですでに解いており，

$$(x_1,\ x_2,\ x_3,\ s_1,\ s_2,\ s_3) = (14,\ 5,\ 7,\ 0,\ 0,\ 0)\ \text{のとき，}\ z_{\max} = 295$$

が最適な実現可能解である．このとき，双対定理 (定理 9.1) より次の関係が成り立つ．

$$
\begin{array}{ccc}
z_{\max} = 295 & \longleftrightarrow & w_{\min} = 295 \\
x_1 = 14 \ \ne 0 & \Longrightarrow & t_1 = 0 \\
x_2 = 5 \ \ne 0 & \Longrightarrow & t_2 = 0 \\
x_3 = 7 \ \ne 0 & \Longrightarrow & t_3 = 0 \\
s_1 = 0 & \Longrightarrow & y_1 = ? \\
s_2 = 0 & \Longrightarrow & y_2 = ? \\
s_3 = 0 & \Longrightarrow & y_3 = ?
\end{array}
$$

主問題 (最小問題) を解くために，サープラス変数 $t_1,\ t_2,\ t_3$ $(t_1,\ t_2,\ t_3 \ge 0)$ を導入し，主問題 (最小問題) の不等式を等式に書き換えると

$$\text{minimize}: \quad w = 52y_1 + 40y_2 + 40y_3$$

$$\text{subject to}: \quad 2y_1 + 2y_2 + y_3 - t_1 = 12$$

$$2y_1 + y_2 + y_3 - t_2 = 10$$

$$2y_1 + y_2 + 3y_3 - t_3 = 11$$

$$y_1 \ge 0, \quad y_2 \ge 0, \quad y_3 \ge 0, \quad t_1 \ge 0, \quad t_2 \ge 0, \quad t_3 \ge 0$$

である. ここで, 制約条件に双対定理から得られた値 $\boxed{t_1 = t_2 = t_3 = 0}$ を代入した連立 1 次方程式

$$\begin{cases} 2y_1 + 2y_2 + y_3 = 12 \\ 2y_1 + y_2 + y_3 = 10 \\ 2y_1 + y_2 + 3y_3 = 11 \end{cases}$$

を解いて, 主問題 (最小問題) の最適な実現可能解は

$$(y_1,\ y_2,\ y_3,\ t_1,\ t_2,\ t_3) = \left(\frac{15}{4},\ 2,\ \frac{1}{2},\ 0,\ 0,\ 0 \right)$$

と得られる. また, このときの目的関数の値は

$$w = 52y_1 + 40y_2 + 40y_3 = 52 \times \frac{15}{4} + 40 \times 2 + 40 \times \frac{1}{2} = 295$$

であり, 双対問題 (最大問題) の目的関数の最大値と同じである. よって, 主問題 (最小問題) の最適な実現可能解は

$$(y_1,\ y_2,\ y_3) = \left(\frac{15}{4},\ 2,\ \frac{1}{2} \right) \text{であり, そのとき,} w_{\min} = 295 \text{ である.}$$

10–2　0 でないサープラス変数が最適である場合

サープラス変数が 0 でないときに最適値を取るような最小問題について考察する.

例題 10.2　次の最小問題を解きなさい. (例 9.1【1】である.)

$$\begin{aligned} \text{minimize}: \quad & w = 30y_1 + 15y_2 \\ \text{subject to}: \quad & 4y_1 + y_2 \geq 13000 \\ & 3y_1 + 2y_2 \geq 13000 \\ & 2y_1 + 3y_2 \geq 14000 \\ & y_1 \geq 0, \quad y_2 \geq 0 \end{aligned}$$

[解答]　この最小問題の行列表現およびその転置行列は

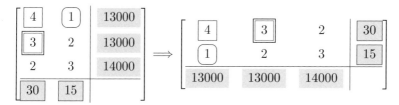

である．したがって，対応する双対問題 (最大問題) は以下のとおりである．

$$\text{maximize}: \quad z = \boxed{13000}\, x_1 + \boxed{13000}\, x_2 + \boxed{14000}\, x_3$$

$$\text{subject to}: \quad \boxed{4}\, x_1 + \boxed{3}\, x_2 + 2x_3 \leq \boxed{30}$$

$$\boxed{1}\, x_1 + 2x_2 + 3x_3 \leq \boxed{15}$$

$$x_1 \geq 0, \quad x_2 \geq 0, \quad x_3 \geq 0$$

これは章末問題 9.3(2) (p.179) ですでに解いており，

$$(x_1,\, x_2,\, x_3,\, s_1,\, s_2) = (6,\, 0,\, 3,\, 0,\, 0) \quad \text{のとき，} \quad z_{\max} = 120000$$

が最適な実現可能解である．このとき，双対定理 (定理 9.1) より次の関係が成り立つ．

$$
\begin{array}{ccc}
z_{\max} = 120000 & \longleftrightarrow & w_{\min} = 120000 \\[4pt]
x_1 = 6 \;\neq 0 & \Longrightarrow & t_1 = 0 \\[4pt]
x_2 = 0 & \Longrightarrow & t_2 = \,? \\[4pt]
x_3 = 3 \;\neq 0 & \Longrightarrow & t_3 = 0 \\[4pt]
s_1 = 0 & \Longrightarrow & y_1 = \,? \\[4pt]
s_2 = 0 & \Longrightarrow & y_2 = \,?
\end{array}
$$

主問題 (最小問題) を解くために，サープラス変数 t_1, t_2, t_3 ($t_1, t_2, t_3 \geq 0$) を導入し，主問題 (最小問題) 不等式を等式に書き換えると

$$\text{minimize}: \quad w = 30y_1 + 15y_2$$

$$\text{subject to}: \quad 4y_1 + y_2 - t_1 = 13000$$

$$3y_1 + 2y_2 - t_2 = 13000$$

$$2y_1 + 3y_2 - t_3 = 14000$$

$$y_1 \geq 0, \quad y_2 \geq 0, \quad t_1 \geq 0, \quad t_2 \geq 0, \quad t_3 \geq 0$$

である. ここで, 制約条件に双対定理から得られた値 $\boxed{t_1 = t_3 = 0}$ を代入した連立 1 次方程式

$$\begin{cases} 4y_1 + y_2 = 13000 \\ 3y_1 + 2y_2 - t_2 = 13000 \\ 2y_1 + 3y_2 = 14000 \end{cases}$$

を解いて, 主問題 (最小問題) の最適な実現可能解が

$$(y_1, \, y_2, \, t_1, \, t_2, \, t_3) = (2500, \, 3000, \, 0, \, 500, \, 0)$$

と得られる. また, このときの目的関数の値は

$$w = 30y_1 + 15y_2 = 30 \times 2500 + 15 \times 3000 = 120000$$

であり, 双対問題 (最大問題) の目的関数の最大値と同じである. よって, 主問題 (最小問題) の最適な実現可能解は

$$(y_1, \, y_2) = (2500, \, 3000) \quad \text{のとき}, \quad w_{\min} = 120000$$

である. したがって,

「スタンダード数学」と「ハイレベル数学」の講義料単価をそれぞれ **2500 円, 3000 円**と定めれば, **W** 塾のアルバイト料の支出総額は最小の **120000 円** である

ことがわかる.

注意　2 つの科目の講義料単価をこのように決めれば, P さん, Q さん, R さんのアルバイト料はそれぞれ 13000 円, 13500 円, 14000 円 となる. そこで, P さん, Q

さん，R さんと同じ勤務シフトの雇用人数をそれぞれ x_1 人，x_2 人，x_3 人とすると，次の連立 1 次方程式

$$\begin{cases} 13000x_1 + 13500x_2 + 14000x_3 = 120000 \\ 4x_1 + 3x_2 + 2x_3 = 30 \\ x_1 + 2x_2 + 3x_3 = 15 \end{cases}$$

が得られる．これは不定解をもつ．$x_3 = c \ (c \in \mathbb{R})$ とおけば，

$$(x_1, \ x_2, \ x_3) = (c+3, \ -2c+6, \ c)$$

が得られる．x_1, x_2, x_3 の値は正の整数であるから，この条件を満たす解は

$$(x_1, \ x_2, \ x_3) = (4, \ 4, \ 1) \ \text{または} \ (5, \ 2, \ 2)$$

の 2 通りである．したがって，W 塾ではこれらの雇用人数で「スタンダード数学」にのべ 30 時間で，かつ「ハイレベル数学」にのべ 15 時間の授業時間数が確保できて，アルバイト料の出費を 120000 円に抑えることが可能になる．

10-3　最適な実現可能解が 1 通りに定まらない場合

ここでは，最適な実現可能解が複数存在するような最大問題と最小問題について考察する．

例題 10.3 　次の最小問題を 双対定理を使って 解きなさい．

$$\begin{aligned} \text{minimize}: \quad & w = 300y_1 + 40y_2 \\ \text{subject to}: \quad & 60y_1 + 8y_2 \geq 450 \\ & 20y_1 + 16y_2 \geq 400 \\ & y_1 \geq 0, \quad y_2 \geq 0 \end{aligned}$$

[解答]　まずは，この最小問題の双対問題を考える．この問題の行列表現およびその転置行列は

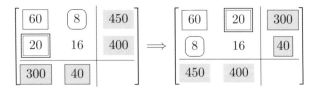

であるから，双対問題は以下のとおりである．

$$\text{maximize}: \quad z = \boxed{450}\, x_1 + \boxed{400}\, x_2$$

$$\text{subject to}: \quad \boxed{60}\, x_1 + \boxed{20}\, x_2 \leq \boxed{300}$$

$$\boxed{8}\, x_1 + 16 x_2 \leq \boxed{40}$$

$$x_1 \geq 0, \quad x_2 \geq 0$$

スラック変数 s_1, s_2 （s_1, $s_2 \geq 0$）を導入してこの問題の不等式を等式に書き換え，「シンプレックス法による基本変形の手順」(p.140) に従って基本変形すると，最終的に

$$
\begin{cases}
z \quad + 500 x_2 + \dfrac{225}{4} s_2 &=& 2250 \\[2mm]
\quad x_1 \; + 2 x_2 + \dfrac{1}{8} s_2 &=& 5 \\[2mm]
-100 x_2 \quad + s_1 \; - \dfrac{15}{2} s_2 &=& 0
\end{cases}
$$

という連立方程式を得る．目的関数の 1 次方程式にある z 以外の変数は すべて 0 以上の実数である という非負条件があったから，これらを 0 にすることにより目的関数が最大となり，最適な実現可能解が得られる．いまの場合，x_2, s_2 がその変数となるので，

$$x_2 = 0, \quad s_2 = 0$$

とすると

$$(x_1,\; x_2,\; s_1,\; s_2) = (5,\; 0,\; 0,\; 0) \text{ のとき}, z_{\max} = 2250$$

が得られる. このとき, 非負条件を含むすべての制約条件を満たしているので, これが最適な実現可能解である. よって, 双対定理 (定理 9.1) より次の関係が成り立つ.

$$
\begin{array}{ccc}
z_{\max} = 2250 & \longleftrightarrow & w_{\min} = 2250 \\
x_1 = 5 \quad \neq 0 & \Longrightarrow & t_1 = 0 \\
x_2 = 0 & \Longrightarrow & t_2 = ? \\
s_1 = 0 & \Longrightarrow & y_1 = ? \\
s_2 = 0 & \Longrightarrow & y_2 = ?
\end{array}
$$

主問題 (最小問題) を解くために, サープラス変数 t_1, t_2 $(t_1,\ t_2 \geq 0)$ を導入し, 主問題 (最小問題) の不等式を等式に書き換えると

$$
\begin{aligned}
\text{minimize}: \quad & w = 300y_1 + 40y_2 \\
\text{subject to}: \quad & 60y_1 + 8y_2 - t_1 = 450 \\
& 20y_1 + 16y_2 - t_2 = 400 \\
& y_1 \geq 0, \quad y_2 \geq 0, \quad t_1 \geq 0, \quad t_2 \geq 0
\end{aligned}
$$

である. ここで, 制約条件に双対定理から得られた値 $t_1 = 0$ を代入した連立 1 次方程式

$$
\begin{cases}
60y_1 + 8y_2 = 450 \\
20y_1 + 16y_2 - t_2 = 400
\end{cases}
$$

を解けば, 主問題 (最小問題) の最適な実現可能解が得られる. この連立 1 次方程式は不定解をもつが, $y_2 = c\ (c \in \mathbb{R})$ となるよう工夫して拡大係数行列を基本変形すると

$$
\begin{bmatrix}
60 & 8 & 0 & 450 \\
20 & 16 & -1 & 400
\end{bmatrix}
\longrightarrow
\begin{bmatrix}
60 & 8 & 0 & 450 \\
60 & 48 & -3 & 1200
\end{bmatrix}
$$

$$
\longrightarrow
\begin{bmatrix}
60 & 8 & 0 & 450 \\
0 & 40 & -3 & 750
\end{bmatrix}
\longrightarrow
\begin{bmatrix}
1 & \frac{2}{15} & 0 & \frac{15}{2} \\
0 & -\frac{40}{3} & 1 & -250
\end{bmatrix}
$$

であるから，主問題 (最小問題) の最適な実現可能解は

$$
\begin{bmatrix} 1 & \frac{2}{15} & 0 \\ 0 & -\frac{40}{3} & 1 \end{bmatrix} \begin{bmatrix} y_1 \\ y_2 \\ t_2 \end{bmatrix} = \begin{bmatrix} \frac{15}{2} \\ -250 \end{bmatrix} \quad \text{より}
$$

$$
(y_1,\ y_2,\ t_1,\ t_2) = \left(-\frac{2}{15}c + \frac{15}{2},\ c,\ 0,\ \frac{40}{3}c - 250 \right)
$$

$$
(y_1,\ y_2,\ t_1,\ t_2) = \left(\frac{225 - 4c}{30},\ c,\ 0,\ \frac{10(4c - 75)}{3} \right) \quad (c \in \mathbb{R})
$$

である．ただし，実数 c には非負条件

$$
\begin{cases}
y_1 & = & \dfrac{225 - 4c}{30} \geq 0 \iff c \leq \dfrac{225}{4} \\[2mm]
y_2 & = & c \geq 0 \\[2mm]
t_2 & = & \dfrac{10(4c - 75)}{3} \geq 0 \iff c \geq \dfrac{75}{4}
\end{cases} \quad \text{より}
$$

$$
\frac{75}{4} \leq c \leq \frac{225}{4}
$$

という条件がつくことに注意する．また，このときの目的関数の値は

$$
w = 300y_1 + 40y_2 = 300 \times \frac{225 - 4c}{30} + 40 \times c = 2250
$$

であり，双対問題 (最大問題) の目的関数の最大値と同じである．よって，主問題 (最小問題) の最適な実現可能解は

$$
(y_1, y_2) = \left(\frac{225 - 4c}{30},\ c \right) \quad \text{のとき，} \quad w_{\min} = 2250
$$

$$
\left(\text{ただし，} c \text{ は } \frac{75}{4} \leq c \leq \frac{225}{4} \text{ を満たす任意の実数} \right)
$$

である．

章末問題 10

章末問題 10.1 次の最小問題を 双対定理を使って 解きなさい.

(1)　minimize : $\quad w = 60y_1 + 30y_2$

　　subject to : $\quad 4y_1 + y_2 \geq 3, \quad 3y_1 + 2y_2 \geq 4, \quad y_1 + 2y_2 \geq 3,$

　　　　　　　　$y_1 \geq 0, \quad y_2 \geq 0$

(2)　minimize : $\quad w = 300y_1 + 400y_2$

　　subject to : $\quad 2y_1 + 3y_2 \geq 36, \quad 2y_1 + 2y_2 \geq 28,$

　　　　　　　　$8y_1 + 2y_2 \geq 32, \quad y_1 \geq 0, \quad y_2 \geq 0$

(3)　minimize : $\quad w = 72y_1 + 24y_2 + 48y_3$

　　subject to : $\quad y_1 + y_2 + 3y_3 \geq 2, \quad 4y_1 + y_2 + y_3 \geq 3,$

　　　　　　　　$y_1 \geq 0, \quad y_2 \geq 0, \quad y_3 \geq 0$

(4)　minimize : $\quad w = 36y_1 + 28y_2 + 32y_3$

　　subject to : $\quad 2y_1 + 2y_2 + 8y_3 \geq 300, \quad 3y_1 + 2y_2 + 2y_3 \geq 400,$

　　　　　　　　$y_1 \geq 0, \quad y_2 \geq 0, \quad y_3 \geq 0$

(5)　minimize : $\quad w = 60y_1 + 80y_2 + 80y_3$

　　subject to : $\quad y_1 + 2y_2 + y_3 \geq 24, \quad y_1 + y_2 + y_3 \geq 20,$

　　　　　　　　$y_1 + y_2 + 3y_3 \geq 22, \quad y_1 \geq 0, \quad y_2 \geq 0, \quad y_3 \geq 0$

(6)　minimize : $\quad w = 16y_1 + 28y_2$

　　subject to : $\quad 4y_1 + 7y_2 \geq 14, \quad 3y_1 + 4y_2 \geq 10, \quad y_1 \geq 0, \quad y_2 \geq 0$

(7)　minimize : $\quad w = 14y_1 + 10y_2$

　　subject to : $\quad 4y_1 + 3y_2 \geq 16, \quad 7y_1 + 4y_2 \geq 28, \quad y_1 \geq 0, \quad y_2 \geq 0$

[解答]　(1)　$(y_1, y_2, t_1, t_2, t_3) = \left(\frac{2}{5}, \frac{7}{5}, 0, 0, \frac{1}{5}\right)$ のとき, $w_{\min} = 66$

(2)　$(y_1, y_2, t_1, t_2, t_3) = (6, 8, 0, 0, 32)$ のとき, $w_{\min} = 5000$

(3)　$(y_1, y_2, y_3, t_1, t_2) = \left(\frac{1}{3}, \frac{5}{3}, 0, 0, 0\right)$ のとき, $w_{\min} = 64$

(4)　$(y_1, y_2, y_3, t_1, t_2) = (130, 0, 5, 0, 0)$ のとき, $w_{\min} = 4840$

(5)　$(y_1, y_2, y_3, t_1, t_2, t_3) = (15, 4, 1, 0, 0, 0)$ のとき, $w_{\min} = 1300$

(6)　$(y_1, y_2, t_1, t_2) = \left(\frac{7(2-c)}{4}, c, 0, \frac{2-5c}{4}\right)$ のとき, $w_{\min} = 56$

　　ただし, c は $0 \leq c \leq \frac{2}{5}$ を満たす任意の実数である.

(7)　$(y_1, y_2, t_1, t_2) = (4, 0, 0, 0)$ のとき, $w_{\min} = 56$

⚡**注意**　問題 10.1(2) は 問題 9.1(2) の最小問題を解くことになり, その答えは「X 社のドリンク剤を 6 本, Y 社のドリンク剤を 8 本 購入すると, 出費は最小の 5000 円に抑えることができる」である.

章末問題 10.2　9.1 節の冒頭で扱った次の最小問題を 双対定理を使って 解きなさい.

> あなたは, 1 週間にビタミン C, E をそれぞれ少なくとも 300 mg, 40 mg 摂取しようとしている. X 社のドリンク剤 1 本には ビタミン C が 60 mg, ビタミン E が 8 mg 含まれていて 450 円で販売されており, Y 社のドリンク剤 1 本には ビタミン C が 20 mg, ビタミン E が 16 mg 含まれていて 400 円で販売されている. 目標のビタミンをすべて摂取しつつ, 出費を最小に抑えるためには, X 社, Y 社のドリンク剤をそれぞれ何本購入すればよいか?

[解答]　詳しい解説は演習書 p.112〜116 を参照のこと.

X 社のドリンク剤を 5 本, Y 社のドリンク剤を 0 本購入すれば, 出費を最小の 2250 円 に抑えることができる.

章末問題 10.3　次の最小問題を 双対定理を使って 解きなさい. また, この問題を主問題とするとき, 双対問題の例を 1 つ挙げなさい.

> T 工場では 4 つのシフトによる勤務体制を敷いてアルバイト従業員を募集している. 募集広告によれば, シフト A は「早朝」3 時間と「日中」3 時間, シフト B は「早朝」2 時間と「日中」4 時間, シフト C は「早朝」1 時間と「日中」6 時間, シフト D は「日中」のみ 7 時間の勤務体制である. そして, 各シフトの日当はそれぞれ 6300 円以上, 6000 円以上, 6600 円以上, 6200 円以上であると記されている.
>
> ある 1 人の応募者は, 4 つのシフトを併用しながら「早朝」はのべ 38 時間で, かつ「日中」はのべ 84 時間の条件付きで勤務できるかと問い合わせて

きた. T 工場では, この応募者の条件を満たしながら募集広告の記載どお
りの日当を支払う約束で採用した場合,「早朝」および「日中」の時間給
はいくらと算出すればよいか?　また, そのときこの応募者に最低いくら
の賃金を支払わなければならないか?

≡**ヒント**≡　後半については, 例えば自分がこのアルバイトに応募する状況を
考えると思いつくかもしれない.

[**解答**]　詳しい解説は演習書 p.117～125 を参照のこと.
「早朝」の時間給を 1200 円,「日中」の時間給を 900 円と定めれば, T 工場が
この応募者に支払うアルバイト賃金の最低額は 121200 円 である.

第11章　補遺

1次不等式の表す領域

　まず **1 次関数のグラフ** について復習しておこう.

　$m,\ n \in \mathbb{R}$ とする. このとき, 直線 $y = mx + n$ において「x の増加量に対する y の増加量 [1]」, つまり

$$\frac{y \text{ の増加量}}{x \text{ の増加量}}$$

のことを **傾き** という. これは,「x が 1 増えたときの y の増加量」のことでもある. 一方, $x = 0$ のときの y の値を **y 切片** という. これは, 直線と y 軸 ($x = 0$) との交点における y の値 を表している [2]. 直線のグラフを描くには, この **傾き** と **y 切片** がとても重要である.

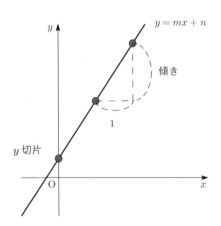

---

[1] 減少すること, つまり 増加量が負となることもある.

[2] y 軸は, x の値がつねに 0 であるような直線なので $x = 0$ と表せる.

ここで, 直線 $y = mx + n$ の傾きと y 切片を求めてみよう. $x = 0$ と $x = 1$ のときの y の値をそれぞれ求めると

$$x = \boxed{0} \quad \text{のとき}: \quad y = m \times \boxed{0} + n = \boxed{n}$$

$$x = \boxed{1} \quad \text{のとき}: \quad y = m \times \boxed{1} + n = \boxed{\boxed{m + n}}$$

であるから, y の増加量は

$$\boxed{\boxed{m + n}} - \boxed{n} = m$$

であり, したがって 傾きは m である. y 切片は $x = 0$ のときの y の値であるが, 傾きを求める際に計算していて, それは $\boxed{n}$ である. よって, 以下のことがわかる.

> ### 直線 $y = mx + n$ の 傾き は m, y 切片 は n である
>
> $$y = \underbrace{m}_{\text{傾き}} x + \underbrace{n}_{y\,\text{切片}}$$

直線には 異なる 2 点を通る直線はただ 1 つしか存在しない という性質があるので, 直線 $y = mx + n$ のグラフを描くには, 異なる 2 点 $(0, n)$, $(1, m + n)$ を通る直線を描けばよい [3]. また, 傾きが正のとき, つまり $m > 0$ のときは x が増加すると y も増加するので右上がりの直線となるが, 傾きが負のとき, つまり $m < 0$ のときは x が増加すると y は減少するので右下がりの直線となる.

---

[3] もちろん, 他の異なる 2 点, 例えば $(0, n)$ と $\left(-\dfrac{n}{m}, 0\right)$ を通る直線でもよい. ちなみに, $y = mx + n$ 上の点 $\left(-\dfrac{n}{m}, 0\right)$ は 直線 $y = mx + n$ と x 軸 $(y = 0)$ との交点であり, $y = 0$ のときの x の値であるから **x 切片** という.

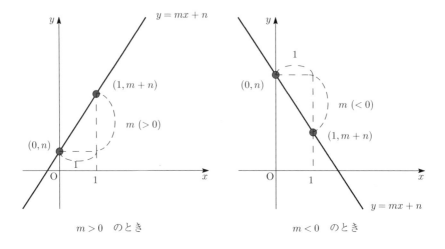

$m > 0$　のとき　　　　　　　$m < 0$　のとき

　線形計画問題で現れる直線の式は　$ax + by = c$　という形で与えられること
が多いので, この場合についても説明する. $a,\ b,\ c \in \mathbb{R},\quad b \neq 0$　とするとき,
直線 $ax + by = c$ を

$$y = -\frac{a}{b}x + \frac{c}{b}$$

と変形すれば 傾きが $-\dfrac{a}{b}$, y 切片が $\dfrac{c}{b}$ であることがわかるので, グラフは
描ける. あるいは, $a \neq 0,\ b \neq 0,\ c \neq 0$ であれば, この直線と x 軸や y 軸
との交点を求めて結べばよい. 例えば, この直線と x 軸との交点は, 直線の式
$ax + by = c$ に $y = 0$ を代入すると $x = \dfrac{c}{a}$ が得られることから, $\left(\dfrac{c}{a}, 0\right)$
である [4]. 同様に, この直線と y 軸との交点は, 直線の式 $ax + by = c$ に $x = 0$
を代入すると $y = \dfrac{c}{b}$ となるので, $\left(0, \dfrac{c}{b}\right)$ である [5],[6]. この 2 点を通る直線
を描けばよい.

---

[4] x 軸は, y の値がつねに 0 であるような直線なので $y = 0$ と表せ, 交点を求めるために
$y = 0$ を代入した.

[5] y 軸は, x の値がつねに 0 であるような直線なので $x = 0$ と表せ, 交点を求めるために
$x = 0$ を代入した.

[6] $c \neq 0$ であるから, この 2 点は同じ点ではない.

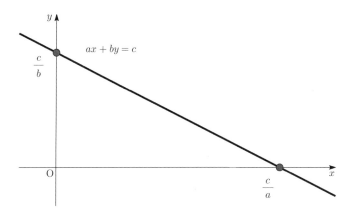

また, 上記で扱っていなかった $b = 0$ の場合を考えてみよう. $ax + by = c$ において $b = 0$ とすると $ax = c$ であり, $a \neq 0$ とすると[7]

$$x = \frac{c}{a}$$

である. これは, x の値がつねに $\dfrac{c}{a}$ であるような点の集まり, つまり 点 $\left(\dfrac{c}{a}, 0\right)$ を通り, y 軸に平行な直線である.

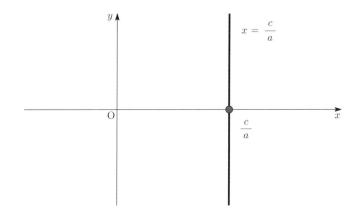

---

[7] $b = 0$ で かつ $a = 0$ だと直線にならない.

最後に, 領域 $ax + by \leq c$ がどの部分を表すのか, 具体的な例でみてみよう.

領域 $x + 2y \leq 8$ を考えてみる. まず, 不等号を等号にした直線 $x + 2y = 8$ のグラフを描く. この直線は先に考察したとおり異なる 2 点 $(8, 0)$, $(0, 4)$ を通る直線であり, また領域の境界線であることに注意する. 領域 $x + 2y \leq 8$ が示しているのは境界線の左側あるいは右側のどちらかであるが, これを調べるために領域を表す不等式 $x + 2y \leq 8$ に, 境界線 $x + 2y = 8$ の上にない 1 つの点, 例えば原点の値 $x = 0$, $y = 0$ を代入する [8]. すると,

$$0 + 2 \times 0 = 0 \leq 8$$

より不等式を満たしているから, 原点のある側が求める領域である [9]. また, 領域を表す不等式に等号が含まれているので, 境界線上も求める領域に含む.

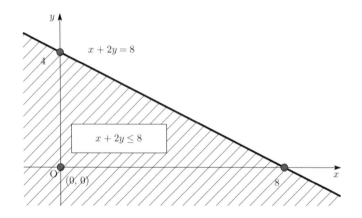

問題 11.1 次の不等式で表される領域を図示しなさい.

(1) $y \leq -3x + 9$ (2) $4x + 3y \geq 60$ (3) $y > 0$ (4) $x \leq 1$

[解答] 詳しい解説は演習書 p.127〜129 を参照のこと.

---

[8] 原点はこの境界線上にないことを各自確かめなさい.

[9] もし不等式を満たさないのであれば, 原点のない側が求める領域である.

関連図書

[1] 「理工系のための線形代数 [改訂版]」, 高木悟・長谷川研二・熊ノ郷直人・菊田伸・森澤貴之 共著, 培風館, 2018.

[2] 「基本 線形代数」, 坂田浩・曽布川拓也 共著, サイエンス社, 2005.

[3] 「金利の計算 〜解析学への入り口〜」, 高木悟・上江洲弘明 著, 共立出版, 2022.

[4] 「入門 線形代数」, 三宅敏恒 著, 培風館, 1991.

[5] 「工科のための線形代数」, 吉村善一 著, 数理工学社, 2005.

[6] 「大学で学ぶ線形代数」, 沢田賢・渡辺展也・安原晃 共著, サイエンス社, 2005.

[7] 「例題で学ぶ 入門経済数学 (上) (下)」, E.ドウリング 著, シーエーピー出版, 1995-1996.

[8] 「文系数学超入門」, 大川隆夫・北沢孝司・鯛智之・山下達歩 共著, 学術図書出版社, 2003.

[9] 「線形計画法」, 今野浩 著, 日科技連出版社, 1987.

索　引

【著者紹介】

高木　悟（たかぎ　さとる）

2003 年　早稲田大学大学院理工学研究科数理科学専攻博士後期課程研究指導終了による退学

　　　　博士（学術）（早稲田大学）

現　在　早稲田大学グローバルエデュケーションセンター教授

著　書　『数学基礎プラス α（金利編）』（早稲田大学出版部, 2008）

　　　　『数学基礎プラス β（金利編）2009』（早稲田大学出版部, 2009）

　　　　『理工系のための線形代数 [改訂版]』（共著, 培風館, 2018）

　　　　『理工系のための基礎数学 [改訂増補版]』（共著, 培風館, 2020）

　　　　『金利の計算　～解析学への入り口~』（共著, 共立出版, 2022）, 他

曽布川　拓也（そぶかわ　たくや）

1992 年　慶應義塾大学大学院理工学研究科数理科学専攻後期博士課程単位取得退学

　　　　博士（理学）（慶應義塾大学）

現　在　早稲田大学グローバルエデュケーションセンター教授

著　書　『演習と応用　微分方程式』（共著, サイエンス社, 2000）

　　　　『基本　微分方程式』（共著, サイエンス社, 2004）

　　　　『基本　線形代数』（共著, サイエンス社, 2005）

　　　　『数学的に話す技術・書く技術』（共著, 東洋経済新報社, 2021）, 他

早稲田大学全学基盤教育シリーズ

線形の世界　～線形代数学への入り口～

Introduction to University Mathematics:
Linear Programming

2023 年 3 月 15 日　初版 1 刷発行

著　者　高木　悟　　　© 2023
　　　　曽布川拓也

発行者　南條光章

発行所　**共立出版株式会社**

〒112–0006
東京都文京区小日向 4–6–19
電話　03–3947–2511（代表）
振替口座 00110–2–57035
www.kyoritsu-pub.co.jp

印　刷　藤原印刷
製　本

一般社団法人
自然科学書協会
会員

検印廃止
NDC 417

ISBN 978–4–320–11517–0　　Printed in Japan